华晟经世ICT专业群系列教材

物联网
方案设计与实现

梁家海　朱　蓉　叶利华　郭炳宇　姜善永　主编

人民邮电出版社
北京

图书在版编目（ＣＩＰ）数据

物联网方案设计与实现 / 梁家海等主编. -- 北京：
人民邮电出版社，2019.5
华晟经世ICT专业群系列教材
ISBN 978-7-115-50874-4

Ⅰ. ①物… Ⅱ. ①梁… Ⅲ. ①互联网络－应用－教材
②智能技术－应用－教材 Ⅳ. ①TP393.4②TP18

中国版本图书馆CIP数据核字(2019)第035290号

内 容 提 要

本教材以行业应用为背景，引入了行业应用需要的知识点、技术，内容覆盖物联网系统的基础知识、关键技术及行业应用，具有很强的实践性。本教材主要讲解了物联网系统原理、系统设计及感知层、网络层和应用层的设计与实现、物联网系统应用设计与编码、物联网系统接口集成、物联网通信段。

本教材适合从事物联网产品设计与开发等项目的技术人员，企业级相关管理部门的管理者和建设者，行业协会人员及高等院校计算机、电子信息类专业的学生阅读。

◆ 主　　编　梁家海　朱　蓉　叶利华　郭炳宇　姜善永
　　责任编辑　王建军
　　责任印制　彭志环
◆ 人民邮电出版社出版发行　　北京市丰台区成寿寺路11号
　　邮编　100164　　电子邮件　315@ptpress.com.cn
　　网址　http://www.ptpress.com.cn
　　涿州市京南印刷厂印刷
◆ 开本：787×1092　1/16
　　印张：14　　　　　　　　　　　2019年5月第1版
　　字数：340千字　　　　　　　　2019年5月河北第1次印刷

定价：55.00 元

读者服务热线：(010) 81055488　印装质量热线：(010) 81055316

反盗版热线：(010) 81055315

在数据信息时代，以云计算、大数据、物联网为代表的新一代信息技术受到空前的关注，相关的职业教育急需升级以顺应和助推产业发展。从学校到企业，从企业到学校，华晟经世已经为中国职业教育产教融合事业奋斗了 15 年。从最早做通信技术的课程培训到如今以移动互联网、物联网、云计算、大数据、人工智能等新兴专业为代表的 ICT 专业群人才培养的全流程服务，我们深知课程是人才培养的依托，而教材则是呈现课程理念的基础，如何将行业最新的技术通过合理的逻辑设计和内容表达呈现给学习者并达到理想的学习效果，是我们进行教材开发时一直追求的终极目标。

在本教材的编写中，我们在内容上贯穿以"学习者"为中心的设计理念——教学目标以任务驱动，教材内容以"学"和"导学"交织呈现，项目引入由情景化的职业元素构成，学习足迹借助图谱得以可视化，学习效果通过最终的创新项目得以校验，具体如下。

1. 教材内容的组织强调以学习行为为主线，构建了"学"与"导学"的内容逻辑。"学"是主体内容，包括项目描述、任务解决及项目总结；"导学"主要是引导学生自主学习、独立实践，包括项目引入、交互窗口、思考练习、拓展训练及双创项目。

2. 情景化、情景剧式的项目引入。模拟一个完整的项目团队，将情景剧作为项目开篇，并融入职业元素，让内容更加接近于行业、企业和生产实际。项目引入更多的是还原工作场景，展示项目进程，嵌入岗位、行业认知，融入工作的方法和技巧，更多地传递一种解决问题的思路和理念。

3. 项目篇章以项目为核心载体，强调知识输入，经过任务的解决与训练，再到技能输出。采用"两点（知识点、技能点）""两图（知识图谱、技能图谱）"的方式梳理知识、技能，在项目开篇清晰地描绘出该项目所覆盖的和需要的知识点，在项目最后总结出经过任务训练所能获得的技能图谱。

4. 强调动手和实操，以解决任务为驱动，做中学，学中做。任务驱动式的学习，可以让我们遵循一般的学习规律，由简到难，循环往复，融会贯通；加强实践、动手训练，在实操中学习更加直观和深刻；融入最新的技术应用，结合真实应用场景，解决现实性客户需求。

5. 具有创新特色的双创项目设计。教材结尾设计双创项目与其他教材形成呼应，体现了项目的完整性、创新性和挑战性。本教材既能培养学生面对困难勇于挑战的创业意识，又能培养学生使用新技术解决问题的创新精神。

本教材共分 6 个项目，项目 1 为物联网方案导入，主要介绍了物联网的发展、物联网的技术架构和其中的关键技术；项目 2 介绍了物联网方案的框架设计，主要包括物联网方案设计的开发流程和需求分析及总体设计；项目 3 到项目 5 则重点介绍了如何设计物联网方案中的感知层、网络层和应用层；项目 6 则是创新应用章节，也就是根据项目 5 的内容设计一个物联网云解决方案。

本教材由梁家海、朱蓉、叶利华、郭炳宇、姜善永老师主编。主编除了参与编写外，还负责拟定大纲和总纂。本教材执笔人依次是项目 1 梁家海，项目 2 朱蓉，项目 3 叶利华，项目 4 何勇，项目 5 范雪梅，项目 6 付雅健。本教材初稿完结后，由郭炳宇、姜善永、王田甜、苏尚停、刘静、张瑞元、朱胜、李慧蕾、杨慧东、唐斌、何勇、李文强、范雪梅、冉芬、曹利洁、张静、蒋平新、赵艳慧、杨晓蕊、刘红申、黎正林、李想组成的编审委员会成员进行审核和内容修订。

整本教材从开发总体设计到每个细节，我们团队精诚协作，细心打磨，以专业的精神尽量克服知识和经验的不足，终以此书飨慰读者。

本教材提供配套代码和 PPT，如需相关资源，请发送邮件至 renyoujiaocaiweihu@huatec.com。

编　者

2018 年 7 月

目 录

物联网方案导入

项目引入

我是 Lang，是一名需求分析工程师，我在一家移动互联网公司工作，公司的核心业务是为中小型企业建设网站、开发软件、开发移动端 App 等。物联网将带来信息技术的第三次革命浪潮，公司决策层也想搭上物联网这班"高铁"，让业务更上一层楼。

近日，与我们长期合作的某高校提出建设智慧实验室、智慧实验楼以实现智慧校园的构想，希望我们公司能够帮助他们完成这个美好蓝图，这也是我们公司业务转型升级的一个良好契机。

公司立刻成立了物联网项目专项团队，其中，项目经理是经验丰富的 Philip，项目的需求分析由资深需求分析工程师 Raby 和我一起完成。公司又从技术团队抽调了网络工程师 Lee、软件架构师 Young 加入项目团队，Lee 负责网络层设计与实现，Young 负责开发应用层的整体技术选型及软件开发团队管理；同时又邀请了智能硬件开发技术专家 Hale 加入团队，负责架构与开发传感层。具体分工如图 1-1 所示。

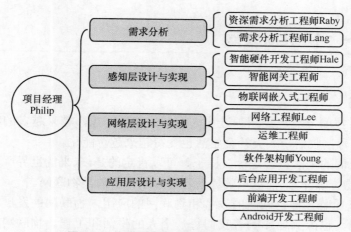

图1-1 物联网项目的项目团队人员分工

这个项目时间紧、任务重，我们首要的任务是输出一个完美的物联网方案，为此，我们制订了一张工作计划表，见表1-1。

表1-1 物联网方案输出工作计划表

序号	任务内容	人员分配	完成周期
1	物联网行业调研	全体成员	1周
2	物联网方案总体设计及需求分析	项目经理、需求分析团队	1周
3	物联网感知层设计	感知层设计与实现团队	2周
4	物联网网络层设计	网络层设计与实现团队	
5	物联网应用层设计	应用层设计与实现团队	
6	解决方案的整合、输出	需求分析团队	1周

第一次转型参与物联网项目，我们对物联网行业还是一知半解，为了更加深入地了解物联网行业，我们的第一个工作计划是对物联网行业进行调研，认知物联网行业以及了解目前使用的关键技术。

知识图谱

知识图谱如图1-2所示。

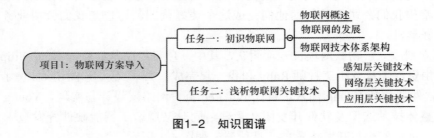

图1-2 知识图谱

1.1 任务一：初识物联网

【任务描述】

现如今，科技的发展已经超越过往人们的认知和想象，越来越多的物品都安装了联网的微型无线信号接收器，人类社会生活也变得越来越智能化。

未来世界人们的生活将会是什么样子？可以肯定的是，未来的世界"万物皆互联""万物皆智能""万物皆媒介"，而这里的"万物皆互联"指的是物联网。

我们周围充斥着各种物联网的设备和物联网的应用，物联网的发展不仅代表了未来技术的发展方向，也深刻地影响着我们每一个人的生活和工作。物联网的应用在满足人类社会需求的同时，也提升了人们的生活水平。

在此次任务中，我将带领大家走进物联网的世界，了解物联网的概念、发展历史和现状以及架构。

1.1.1 物联网概述

目前，互联网正处于技术创新的关键阶段，软件定义联网、网络功能虚拟化、大数据、云计算等多种创新技术为互联网的技术创新注入了新的活力，而物联网则为互联网技术创新提供了明确而具体的应用需求，从长远发展来看，物联网将会成为下一个万亿级的巨型产业，这片"蓝海市场"将为互联网的技术创新带来新的机遇。那么什么是物联网呢？

1. 物联网的概念

物联网（Internet of Things，IoT）简单来说是"万物互联"的互联网，其涵盖了人与人、人与物和物与物三大范畴。

物联网严格来说是通过射频识别、红外感应器、全球定位系统、激光扫描器等信息传感设备，按约定的协议，将任何物品与互联网连接，进行信息交换和通信，以实现智能化识别、定位、跟踪、监控和管理的一种网络。物联网示意如图1-3所示。

图1-3 物联网示意

现在，物联网已经不再是一个生硬的名词，它正在一点一滴地改变人们的生活。例如，伦敦奥运会的智能垃圾桶可以在垃圾装满后自动通知卫生清洁部门清理。生活中的快捷打车软件，可以方便地告诉用户负责服务的车辆在地图上的具体位置。而这些只是物联网的一小步，未来，物联网将为我们的生活带来日新月异的变化。

2. 物联网应用场景

物联网不仅仅是网络，它的核心内容是业务和应用，因此，应用的创新是物联网发展的关键，以用户体验为核心的创新就是物联网发展的灵魂。

物联网技术正被人们应用于生产生活的方方面面，技术的创新推动各行各业的发展，物联网的行业应用如图1-4所示。

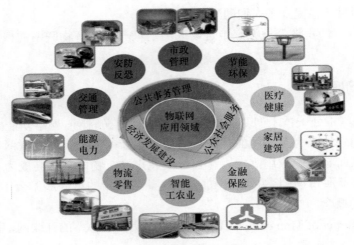

图1-4 物联网行业应用

物联网应用于智慧城市、智能交通、智能物流、智能家居、智能环保、精准农业、智慧医疗、智慧工业等方面。

以智慧医疗为例，智慧医疗是指将物联网技术应用到医疗领域。该系统首先搜集大量资料，经过处理、分类后转化为信息，并上传至云端，经由大数据分析产生智能分析结果，帮助医院优化经营管理、临床决策、医疗服务，使其成为政府单位分配医疗资源时的决策依据。智慧医疗系统如图 1-5 所示。

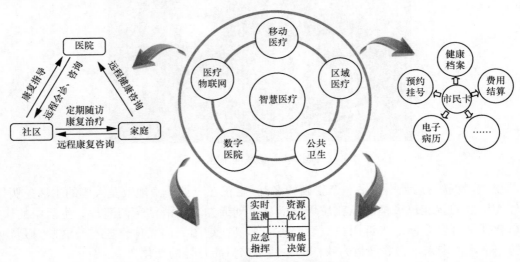

图1-5 智慧医疗系统示意

🔘【想一想】

调研物联网在运动健身行业的应用，并举例说明。

3. 探索物联网与互联网的关系

互联网为人们的生活带来了极大的便利，成为人们生活中不可或缺的一部分。它是以计算机网络为中心构建的网络，主要解决虚拟世界中人与人之间的通信连接问题。

而物联网则融入了对物品识别技术、传感技术的信息采集，并结合互联网产生的新型网络，同时将用户终端扩展到任何物体，主要解决物与物、人与物、人与人之间的通信连接问题。

物联网是以互联网为核心发展的，我们可以从网络体系架构的角度分析互联网与物联网的区别。如图1-6所示，互联网的网络模型为 OSI 七层网络模型，但目前世界上公认的物联网网络体系架构分为感知层、网络层和应用层 3 层。

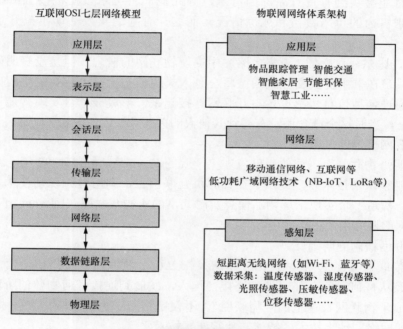

图1-6　物联网与互联网的区别

物联网具有互联网所没有的特质：感知。那么物联网是如何赋予物体感知能力的呢？

物联网将嵌入式的传感设备应用在物体上，使物体具有感应能力，通过感知层采集数据，在全球内集成，形成智能化的传感网络。它通过收集大量的数据，进行数据分析与处理，从而形成智能化的决策，这是一个从量变到质变的过程。

例如，在使用全球定位系统时，人们可以根据获取的 GPS 的信息，分析全天候的道路流量压力，通过分析数据，交通部门能够更好地规划道路模型，解决现阶段交通压力过大和道路规划不合理的问题。

1.1.2　物联网的发展

从 1990 年第一个物联网实践产物，到 1999 年物联网名字的提出，如今，物联网已经发展了 20 多年。物联网也不再局限于短距离无线传感网络，而是已经扩展到了传统的互联网、移动通信网络以及卫星通信网络。接下来，我们一起回顾物联网行业的发展历史。

1. 物联网概念的发展

物联网概念经历了萌芽阶段、提出概念、明确概念、深入发展以及在我国的起步与发展阶段。

（1）物联网概念的萌芽

早在 1990 年，物联网实践的第一个产物就已经成功制造。这是在施乐公司的网络可乐贩卖机上的一次实践，故事起源于卡内基梅隆大学的一批程序设计师希望每次下楼买可乐时能够买到有货且冰冻的可乐，因此他们将可乐贩卖机接上网络，并编写程序监视可乐机内的可乐数量和冰冻情况。而这一有趣的实践活动也拉开了物联网的序幕。

1995 年，比尔·盖茨在《未来之路》中提及物联网的概念，但是没有明确指出物联网的定义，只是在书中提到交互式网络将会是人类通信史上一个重要的里程碑，并表示把所有物品通过各种信息传感设备与互联网连接起来，形成一个可实现智能识别和管理的网络。但是，当时这个概念还没有得到其他人的关注。

（2）物联网概念的提出

真正发明"物联网"一词的是麻省理工学院的 Kevin Ashton。1999 年，Ashton 教授在研究无线射频识别技术时，提出了在计算机互联网上，利用射频识别技术、无线数据通信技术等，构造一个实现全球物品信息实时共享的实物互联网（Internet of Things）的设想，物联网的概念由此正式诞生。

（3）物联网概念的明确

国际电信联盟（ITU）在《ITU 互联网报告 2005：物联网》中指出，信息与通信技术的目标已经从任何时间、任何地点连接任何人，发展到连接任何物体的阶段，而万物的连接就形成了物联网。这里的"物联网"，不仅是指基于无线射频识别技术的物联网，还包括传感器网络、纳米技术、智能芯片等新兴技术。

（4）"智慧地球"的概念

2008 年，IBM 首席执行官彭明盛首次提出"智慧地球"这个概念，建议政府投资新一代的智慧型基础设施。其主要内容是把智能传感器嵌入和安装到电网、铁路、桥梁、隧道、供水系统、大坝、油气管道等各种物体中，并且被网络普遍连接，形成所谓的"物联网"，然后将"物联网"和现有的网络整合，形成人类社会和物理系统的整合。在整合过程中，会存在一个超级强大的计算机群，对整合网络内的人员、设备、机器和基础设施进行管控，在这个基础上，人类可以以更加精细和动态的方式管理生产和生活，从而达到"智慧"的状态。

（5）中国物联网之"感知中国"

"感知中国"是中国政府发展物联网的一种形象称呼。2009 年 8 月，时任国务院总理温家宝视察中科院无锡物联网产业研究所时，提出建立"感知中国"中心，开启了中国物联网发展的新纪元。至此，物联网的"感知中国"项目正式以无锡为中心向全国拓展。

2. 物联网行业的发展趋势

根据 2017 年 9 月中国经济信息社在无锡发布的《2016—2017 年中国物联网发展年度报告》的数据，物联网发展呈现一些新的特点与趋势，正在加速迈向万物互联的时代。

美、日、韩等国持续加强物联网战略部署，全球物联网技术与应用空前活跃，应用场景不断丰富，跨国公司竞相布局，开源生态，加速构建，产业规模持续壮大。

如图 1-7 所示，全球物联网设备的增加数量远超过传统设备。

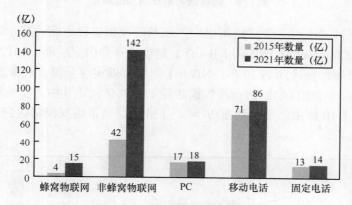

图1-7 物联网设备增长概况

如图 1-8 所示，2018 年年底，全球物联网市场规模达到 1036 亿美元，增速达到 30%。

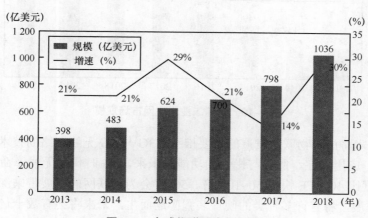

图1-8 全球物联网市场规模

在中国，物联网的发展也不可小觑。

① 物联网与新技术加速融合，产业生态全面升级。如图 1-9 所示，感知层的传感器技术将朝着智能化、微型化的方向发展。网络通信层将向低功耗、广域、敏捷联接的方向演进。应用层的物联网云平台的综合性能将进一步迭代优化，而物联网的应用产品将以用户体验为出发点，不断地创新。

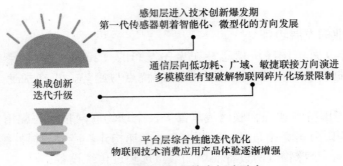

感知层进入技术创新爆发期
第一代传感器朝着智能化、微型化的方向发展

通信层向低功耗、广域、敏捷联接方向演进
多模模组有望破解物联网碎片化场景限制

集成创新
迭代升级

平台层综合性能迭代优化
物联网技术消费应用产品体验逐渐增强

图1-9　物联网与新技术加速融合

② 我国物联网"十三五"路线图出炉，在基础设施建设方面，基于蜂窝的窄带物联网（Narrow Band Internet of Things, NB-IoT）建设上升到国家层面。2017 年，NB-IoT 基站规模达到 40 万座，预计到 2020 年，NB-IoT 网络可以实现全国普遍覆盖。

③ 2018 年年底，中国物联网市场规模达到 13500 亿元，其中，工业物联网市场发展前景可观。如图 1-10 所示，预计到 2020 年，工业物联网市场规模将达到 4629 亿元。

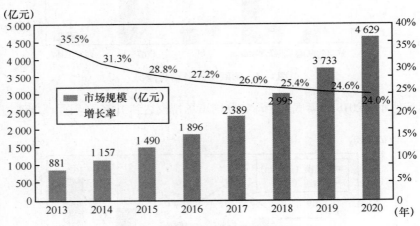

图1-10　我国工业物联网市场规模

（4）5G 技术将成为物联网发展的重要推手。3G 与 4G 无线网络的技术演进，让智能手机拥有游戏、应用程序、照片与影音的功能。未来，5G 时代的无线革命也将来临，它可使网络的速度比 4G LTE 快上 50~100 倍。5G 将会为物联网的发展带来深远的影响，随着 5G 技术的发展，将有许多种类的硬件装置应运而生，未来将会有数十亿台的装置通过5G 网络连接。

1.1.3　物联网技术体系架构

目前，物联网技术体系框架还没有一个标准的、统一的、规范的体系框架。典型的层次型技术体系框架有以下几个：ITU-T 在 Y.2002 中提出的基于泛在传感网的五层体系框架；CASAGRAS 工作组在欧盟第七计划框架中提出的基于感知器件和射频标签的四层体系框架；欧洲电信标准化协会机器对机器技术委员会（ETSI M2M TC）提出的基于 M2M 体系的三层体系框架。国内的物联网组织和相关学者在物联网技术体系框架方面也开展了积极的探索，其中，国家传感网标准化工作组秘书长张晖博士提出了典型的三层结构物联网技术体系框架，该框架分为感知层、网络层和应用层，如图 1-11 所示。

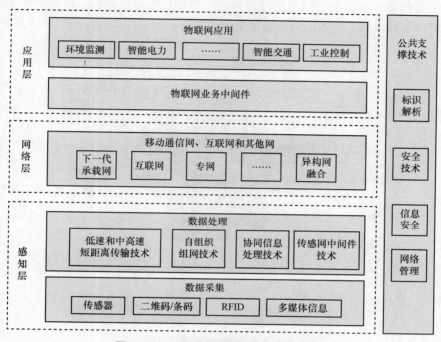

图1-11　三层结构物联网技术体系架构

（1）感知层

感知层是实现物联网全面感知的基础。它以射频识别技术、传感器、二维码等为主，通过传感器采集设备信息，利用射频识别技术在一定范围内实现发射和识别。它的主要功能是通过传感设备识别物体，采集信息。例如，在感知层中，信息化管理系统利用智能卡技术，作为识别身份、重要信息系统密钥；建筑中用传感器节点采集室内温湿度等，以便及时调整。

（2）网络层

网络层是服务于物联网信息汇聚、传输和初步处理的网络设备和平台。通过现有的三网（互联网、广电网、通信网）、低功耗广域网（窄带物联网网络），利用远距离无线传输来自传感网所采集的巨量数据信息。它负责安全无误地传输传感器采集的信息，并分析处理收集到的信息，再将结果提供给应用层。

（3）应用层

应用层主要解决信息处理和人机界面问题，即输入 / 输出控制终端，如手机、智能家电的控制器等，主要通过数据处理及解决方案来提供人们所需要的信息服务。应用层直接接触用户，为用户提供丰富的服务功能，用户通过智能终端在应用层上定制需要的服务信息，如查询信息、监控信息、控制信息等。例如，在智能家居场景中，用手机给家里的空调发送指令信息，空调便会自动开启；若家里漏气或漏水，手机短信会自动报警。随着物联网的发展，应用层会大大拓展到各行业，给我们带来实实在在的方便。

如图1-12所示，如果我们将物联网比喻为人，那么感知层如人的皮肤及五官，用来识别物体和采集信息；网络层如同人的神经系统，将信息传递给大脑；而大脑神经系统负责存储和处理传来的信息，使人能从事各种复杂的事情，即对应于应用层的丰富多彩的应用。

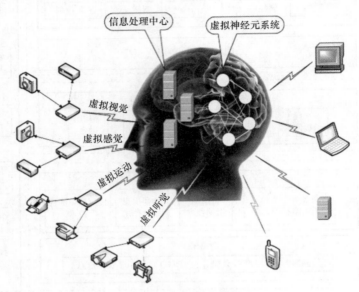

图1-12　抽象物联网示意图

【知识拓展】

本节以国家传感网标准化工作组秘书长张晖博士提出的典型的三层结构物联网技术体系框架为例，讲解物联网技术体系，请通过搜索引擎对其他物联网技术体系架构进行研究与学习。

1.1.4　任务回顾

知识点总结

1. 物联网的概念与应用。
2. 物联网与互联网的联系及区别。
3. 物联网概念的发展史。
4. 当前物联网行业的发展趋势。

5. 物联网技术体系架构主要分为感知层、网络层、应用层。

📖 **学习足迹**

任务一学习足迹如图 1-13 所示。

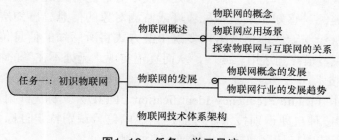

图1-13　任务一学习足迹

📝 **思考与练习**

1. 物联网的英文名称是："＿＿＿＿＿＿＿＿"，简单来说就是"万物互联"的互联网，其涵盖了人与人、人与物及物与物三大范畴。

2. 物联网的定义是通过＿＿＿＿＿＿＿、红外感应器、＿＿＿＿＿＿＿、激光扫描器等信息传感设备，按约定的协议，把任何物品与互联网连接起来，进行信息交换和通信，实现智能化＿＿＿＿＿＿、＿＿＿＿＿＿、＿＿＿＿＿、监控和管理的一种网络。

3. 物联网技术一般分为＿＿＿＿＿＿＿、＿＿＿＿＿＿＿、＿＿＿＿＿＿＿三层体系架构。

4. 简述物联网的应用场景，并举例说明物联网在该行业或者场景中的应用。

1.2　任务二：浅析物联网关键技术

【任务描述】

未来，我们早上起床后，刷牙洗脸，镜子中会有智能健康照护系统，开始侦测我们的健康状态；在厨房享用早餐时，智能玻璃会显示实时新闻、交通信息等；打开冰箱后，冰箱门的屏幕立刻显示冰箱应该补充哪些食物；我们上班坐的车是无人驾驶的电动车；公司的 AI 柜台会告诉我们今日有哪些重要的工作。

支持上述这一切的基础是物联网技术不断的创新与实践。物联网涉及的技术领域广泛，包括传感器技术、通信技术、控制技术、微电子技术、计算机技术、软件技术、信息安全等，涵盖了从信息获取、传递、存储、处理到应用的全过程。

本任务主要介绍物联网的感知层、网络层、应用层的关键技术，本次任务的内容，会为读者储备物联网专业知识、设计物联网方案与实现提供理论支撑。

1.2.1 感知层关键技术

感知层主要完成信息的全面感知，感知层综合了传感器技术、嵌入式计算技术、智能组网技术、无线通信技术、分布式信息处理技术等，能够通过各类集成化的微型传感器的协作，实时监测、感知和采集各种环境或监测对象的信息。感知层通过嵌入式系统处理信息，可随机组织无线通信网络以多跳中继方式将所感知的信息传送到接入层的基站节点和接入网关，最终到达用户终端，从而真正实现"无处不在"的物联网理念。

1. 射频识别技术

射频识别技术（Radio Frequency Identification，RFID）又称无线射频识别，是 20 世纪 90 年代兴起的一种自动识别技术，可通过无线电信号识别特定目标并读写相关数据，而无需识别系统与特定目标之间建立机械或光学接触。

RFID 技术具有高安全性、标签数据可动态更改、使用寿命长等诸多优势，如图 1-14 所示。

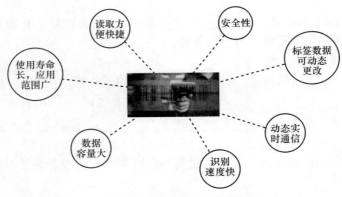

图1-14　RFID技术的优势

- 更高的安全性：RFID 不仅可以嵌入或附着在不同形状、类型的产品上，而且可以为标签数据的读写设置密码保护，从而具有更高的安全性。
- 标签数据可动态更改：利用编程器可以向用户数据区写入数据，从而赋予 RFID 标签交互式便携数据文件的功能。
- 动态实时通信：标签以每秒 50 ～ 100 次的频率与解读器通信，所以，只要 RFID 标签所附着的物体出现在解读器的有效识别范围内，就可以动态地追踪和监控其位置。
- 识别速度快：标签进入磁场后，解读器便可以即时读取其中的信息，而且能够同时处理多个标签，实现批量识别。
- 数据的记忆容量大：一维条形码的容量是 50B，二维条形码最大的容量可储存 2 ～ 3000 字符，RFID 最大的容量则有数 MB。随着记忆载体的发展，数据容量也有不断扩大的趋势。未来物品所需携带的资料量会越来越大,对卷标所能扩充容量的需求也相应增加。
- 使用寿命长、应用范围广：RFID 的无线电通信方式可以应用于粉尘、油污等高污染环境和放射性环境，而且它的封闭式包装使得其寿命大大超过印刷的条形码。

- 读取方便快捷：数据的读取无需光源，甚至可以透过外包装直接读取。RFID 的有效识别距离更远，当采用自带电池的主动标签时，有效识别距离可达到 30m 以上。

正因为 RFID 的优势，它已经融入我们的生活中，被广泛应用于交通、物流、食品追溯等多种场景中，我们以机场的 RFID 行李自动分拣系统为例，讲解 RFID 技术的应用。如图 1-15 所示，在每个乘客随机托运的行李上粘贴 RFID 电子标签，电子标签中记录旅客个人信息、出发港、到达港、航班号、停机位、飞机起飞时间等信息；行李流动的各个控制节点上，如分捡、装机处、行李提取处安装电子标签读写设备。当带有标签信息的行李通过各个分拣口节点的时候，RFID 读写器将读取到的信息传送至数据库，实现行李在运输全流程中的信息共享和监控。

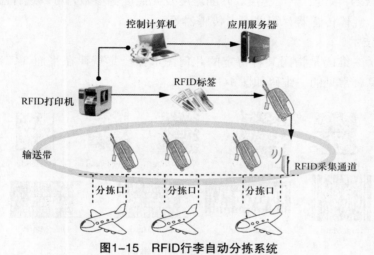

图1-15　RFID行李自动分拣系统

2. 传感器技术

我们要获取真正有价值的信息，除了依靠射频识别技术，还需要传感器技术的支持。传感器技术是物联网的基础技术之一，可以说，没有智能传感器就谈不上物联网。

传感器是一种检测装置，能感受到被测的信息，并能将检测感受到的信息，按一定规律变换成为电信号或以其他所需形式输出，可满足信息传输、处理、存储、显示、记录和控制等要求。传感器示意如图 1-16 所示。

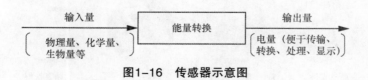

图1-16　传感器示意图

如图 1-17 所示，传感器一般由敏感元件、转换元件、调理电路组成。敏感元件是构成传感器的核心，是指能敏锐地感受某种物理、化学、生物的信息并将其转变为电信息的特种电子元件。转换元件是指传感器中能将敏感元件输出并转换为适于传输和测量的电信号部分，这种输出信号通常以电量的形式出现。调理电路是把传感元件输出的电信号转换成便于处理、控制、记录和显示的有用电信号所涉及的有关电路。

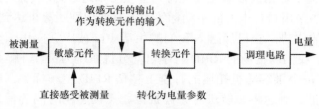

图1-17　传感器的组成

传感器的种类繁多，要根据不同的场景选择。例如，在智慧农业中，为了采集温室内温度、湿度、CO_2 浓度、土壤温度、叶面湿度及光照度等参数，可以选择温湿度传感器、光照度传感器、气体传感器、营养元素传感器等。

3. 二维码技术

二维条码/二维码是指用某种特定的几何图形按一定规律在平面（二维方向上）记录数据符号信息。常见的二维码如图 1-18 所示。

图1-18　常见的二维码

随着移动互联网的快速发展以及移动终端的广泛普及，人们更注重即时的信息交互和分享以及体验感，二维码由于不再受到时空和硬件设备的限制，而广泛应用于产品质量安全追溯、物流仓储、信息获取、网站跳转、产品促销、广告推送、移动电商以及会员管理等方面。例如，扫码支付业务是将二维码技术应用于支付业务中，用户通过手机客户端扫拍二维码，便可实现与商家账户的支付结算。扫码支付业务流程如图 1-19 所示。

图1-19　扫码支付业务

4. GPS 定位技术

GPS（Navigation Satellite Timing And Ranging / Global Position System）是以卫星为

基础的无线电导航定位系统，可以随时随地为用户提供准确的位置信息服务。GPS 定位工作原理如图 1-20 所示，GPS 设备在接收到 GPS 卫星发射的信号后，基于这种信号，可以推算出它与每颗卫星的距离、卫星位置等信息，进而推算出设备的位置。通过不断更新接收的信息，我们可以计算出 GPS 设备移动的方向和速度。

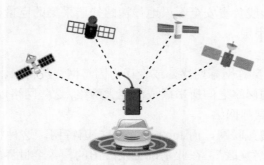

图1-20　GPS定位工作原理

GPS 定位系统不仅用于军事上各种兵种和武器的导航定位，而且在民用上也得到广泛的应用，如智能交通系统中的车辆导航、车辆管理和救援、民用飞机和船只导航和姿态测量、大气参数测试、地震和地球板块运动监测、地球动力学研究、大地测量等方面。

5. 短距离无线传输技术

一般意义上，只要通信接收双方通过电磁波（红外、无线电微波）传输信息，并且传输距离限制在较短的范围内，通常是几十米以内，我们都可以称之为短距离无线通信。

常见的短距离无线通信有蓝牙（Bluetooth）技术、红外（IrDA）技术、Wi-Fi 技术、ZigBee 技术、NFC 技术、UWB（超宽带）技术和无线自组织网络等。

6. 物联网网关

未来，物联网将会扮演非常重要的角色，物联网网关将成为连接感知网络与传统通信网络的纽带。

众所周知，在因特网中，网关是一种连接内部网与因特网上其他网的中间设备，也称为"路由器"，而在物联网的体系架构中，如图 1-21 所示，在感知层和网络层两个不同的网络之间需要一个中间设备，就是"物联网网关"。

图1-21　物联网网关位置示意

物联网网关是将射频识别、红外感应器、全球定位系统、激光扫描器等感知设备组成的感知网络，统一互联到接入网络的关键设备。

1.2.2 网络层关键技术

物联网的网络层是服务于物联网信息汇聚、传输和初步处理的网络设备和平台。

通过现有的三网（互联网、广电网、通信网）、低功耗广域网（如 LoRa、SigFox、窄带物联网），远距离无线负责安全无误地传输感知层采集的巨量数据信息，并分析处理信息，将结果提供给应用层。

1. 传统互联网

互联网（Internet）又称网际网络，或音译为因特网、英特网。互联网始于 1969 年美国的阿帕网，它是网络与网络之间所串联成的庞大网络，这些网络以一组通用的协议相联，形成逻辑上的单一巨大国际网络。

通常，internet 泛指互联网，而 Internet 则特指因特网。这种将计算机网络互相联接在一起的方法称作"网络互联"，在此基础上发展出的覆盖全世界的全球性互联网络称为互联网，即互相联接在一起的网络结构。互联网并不等同于万维网，万维网只是一个基于超文本相互链接而成的全球性系统，而且是互联网所能提供的服务之一。

2. 移动通信网络

移动通信是指移动用户与固定点用户之间或移动用户之间进行沟通的通信方式。

常见的移动通信的方式有大家耳熟能详的移动电话、无线寻呼、集群调度系统、漏泄电缆通信系统、无绳电话、无中心选址移动通信系统、卫星移动通信系统、个人通信等。

随着 IT 和 CT 的融合程度加深，通信作为信息产业"云—管—端"的"管道"，随着物联网、移动互联、VR、AR、人工智能等新业务的迅猛发展，为信息产业带来了凶猛的数字洪流，其对于管道的承载能力要求越来越高，这些要求对固网和移动通信网络的发展会带来巨大的驱动力。

如图 1-22 所示，随着移动通信网络的发展，人们的生产生活方式发生了巨大的变革，也给物联网带来前所未有的机遇。

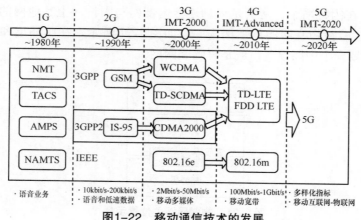

图1-22 移动通信技术的发展

3. 卫星通信网络

卫星通信网络是由一个或数个通信卫星和指向卫星的若干个地球站组成的通信网络，

从理论上讲，只要在地球静止轨道上均匀地放置三颗通信卫星，便可以实现除南北极之外的全球通信。

我国国内卫星通信网主要承担中央电视节目、教育电视节目和部分省、自治区的地方电视节目的传送；负责广播节目的卫星传送；组织干线卫星通信电路和部分省内卫星通信电路；组织公用和专用甚小天线地球站（VSAT）网，包括以数据为主和以电话为主的 VSAT 网；组织专用单位的卫星通信网。

在物联网行业中，卫星通信发挥着更大的作用，主要体现在两个方面：卫星导航定位，作为感知层实现定位功能；卫星通信，通信网络中的一部分，作为网络层实现信息传输。

卫星通信具有覆盖范围广泛、不受地域限制的特点，可以广泛应用于交通运输、石油勘探、环境监控等领域。

4. 低功耗广域网（LPWAN）

目前，全球电信运营商已经构建了覆盖全球的移动蜂窝网络，虽然 2G、3G、4G 等蜂窝网络覆盖范围广，但是基于移动蜂窝通信技术的物联网设备有功耗大、成本高等劣势。当初设计移动蜂窝通信系统的主要目的是方便人与人的通信，当前全球真正承载在移动蜂窝网络上物与物的连接仅占连接总数的 6%，如此低的比重，主要原因在于当前移动蜂窝网络的承载能力不足以支撑物与物的连接。在物联网行业，为满足越来越多远距离物联网设备的连接需求，低功耗广域网应运而生。

低功耗广域网是专为低带宽、低功耗、远距离、大量连接的物联网应用而设计的。低功耗广域网是一种低功耗的无线通信广域网络，以低数据速率进行远距离通信。

低功耗广域网是物联网中不可或缺的一部分，它具有功耗低、覆盖范围广、穿透性强的特点，适用于每隔几分钟发送和接收少量数据的应用情况，如定位水运、监测路灯、监测停车位等。

LPWAN 可分为两类：一类是工作于未授权频谱的 LoRa、SigFox 等技术；另一类是工作于授权频谱下，3GPP 支持的 2G/3G/4G 蜂窝通信技术，比如 EC-GSM、LTE Cat-m、NB-IoT 等，如图 1-23 所示。关于 LoRa 与 NB-IoT 技术，在项目 4 中我们会有更加详细的讲解。

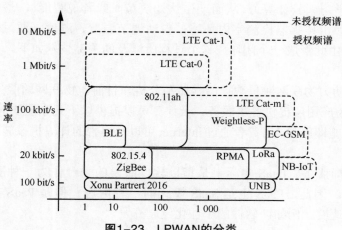

图1-23　LPWAN的分类

1.2.3 应用层关键技术

挖掘智能分析和感知层所采集海量数据，可实现对物理世界的精确控制和智能决策支撑，这是物联网的最终目标，也是物联网智慧性体现的核心，这一目标的实现离不开应用层的支撑。

简而言之，物联网通过应用层对感知数据处理分析、挖掘和融合，为用户提供功能丰富的服务，实现广泛智能化的应用。

由 1.1.3 小节可知，物联网应用层可分为物联网应用及物联网业务中间件，如图 1-24 所示。

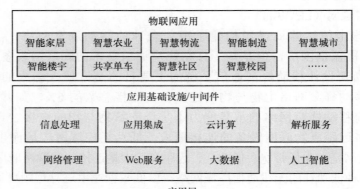

图1-24　物联网应用层架构

物联网应用：物联网应用是用户直接使用各种应用，如智能操控、安防、电力抄表、远程医疗、智慧农业等。

物联网中间件是指一种独立的系统软件或服务程序，中间件将各种可以公用的能力统一封装，提供给物联网应用使用。

物联网设备产生大量的数据（形成大数据），大量的数据存储到云端（云储存），云端计算、分析、学习（云计算），从而产生认知决策（或者说智能），最终在物联网设备终端进行决策（如由传感器检测室内环境，自动调节温度、湿度、通风等，整个过程不需要人的参与），由此形成一个闭环。这个过程所涉及的关键技术如下。

1. 云计算

云计算可以助力物联网海量数据的存储和分析。目前，物联网的服务器部署在云端，通过云计算技术为应用层提供各项服务。云计算可以提供以下几个层次的服务。

IaaS：基础设施即服务。消费者通过 internet 可以从完善的计算机设施获得服务。例如，硬件服务器租用。

PaaS：平台即服务。PaaS 实际上是指以软件研发的平台作为一种服务，以 SaaS 的模式提交给用户。因此，PaaS 也是 SaaS 模式的一种应用。但是 PaaS 的出现可以加快 SaaS 应用的开发速度，例如，软件的个性化定制开发。

SaaS：软件即服务。它是一种通过 internet 提供软件的模式，用户无需购买软件，而是向提供商租用基于 Web 的软件来管理企业经营活动。例如亚马逊。

2. 大数据

麦肯锡全球研究所对大数据的定义：大数据是一种规模大到在获取、存储、管理、分析方面大大超出了传统数据库软件工具能力范围的数据集合，具有海量的数据规模、快速的数据流转、多样的数据类型和价值密度低四大特征。

大数据与传统数据的对比如图 1-25 所示。

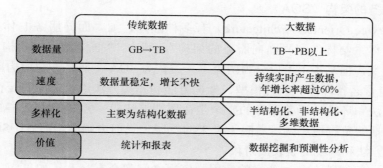

图1-25 大数据与传统数据的对比

从商业价值上来看，大数据所能带来的巨大商业价值，被认为将引领一场足以与 20 世纪计算机革命匹敌的巨大变革。大数据正在影响着每个领域。大数据正在促生新的蓝海，促进新的经济增长点，正在成为企业竞争的新焦点。

从技术上来看，大数据和云计算的关系就像一枚硬币的正反面，密不可分。大数据必然无法用单台的计算机来处理，必须采用分布式架构。它的特色在于对海量数据展开分布式数据挖掘，但它必须依托云计算的分布式处理、分布式数据库和云存储、虚拟化技术。实时的大型数据集分析需要像 MapReduce 一样的框架来向数十、数百或甚至数千台的电脑分配工作。大数据需要特殊的技术以便有效处理大量的、可承受的时间范围内的数据。适用于大数据的技术包括大规模的并行处理数据库、数据挖掘、分布式文件系统、分布式数据库、云计算平台、互联网和可扩展的存储系统。

3. 人工智能

人工智能（Artificial Intelligence，AI）是研究、开发用于模拟、延伸和扩展人的智能的理论、方法、技术及应用系统的一门新的技术学科。

人工智能技术可根据大量的历史资料和实时观察，作出对于未来预测性的洞察。由于同时分析过去的和实时的数据，AI 能作出合理、合适的推断，那么数据对于人工智能的重要性也就不言而喻了。而物联网就肩负了一个至关重要的任务：数据收集。因此，物联网与人工智能是相辅相成的。物联网可连接大量不同的设备及装置，例如，家用电器和穿戴式设备。嵌入式的传感器会不断地采集数据并上传至云端，而这些数据会被人工智能技术处理和分析，并作出智能化的决策。

4. 物联网云平台

物联网云平台提供综合型的物联网解决方案，能够帮助开发者轻松实现设备接入与连接，实现物联网设备的数据获取、数据存储、数据展现等一站式服务。

物联网云平台提供 Pass 层的服务，各大公司均积极布局物联网云平台，AWS、微软和 Google 云计算的三巨头公司在 2015 年先后宣布加入物联网云平台市场。

据调查报告显示，截至 2018 年 7 月 30 日，中国移动物联网开放平台 OneNET 设备连接数已经突破 5000 万。

阿里物联网云平台为硬件厂商提供一站式解决方案，包括智能硬件模组、阿里智能云、阿里智能 App 服务。

5. 面向服务的架构（SOA）

SOA（Service Oriented Architecture）有多种翻译，如"面向服务的体系结构""以服务为中心的体系结构"和"面向服务的架构"，其中，"面向服务的架构"比较常用。SOA 有很多定义，但基本上可以分为两类：一类认为 SOA 主要是一种架构风格；另一类认为 SOA 是包含运行环境、编程模型、架构方法和相关方法论等在内的一整套新的分布式软件系统方法和环境，涵盖服务的整个生命周期：建模—开发—整合—部署—运行—管理。后者概括的范围更广阔，着眼于未来的发展。我们更倾向于后者，SOA 是分布式软件系统构造方法和环境的新发展阶段。

任何企业、组织都有各种各样的应用，应用之间都会有交互，如果应用之间直接调用对方的接口，便会形成蜘蛛网状。ESB（企业服务总线）是把各个应用提供出来的接口统一管理起来、暴露出来，所有的应用接口都通过 SOA 平台交互，避免了业务之间的干扰。SOA 对服务接口的统一管理如图 1-26 所示。

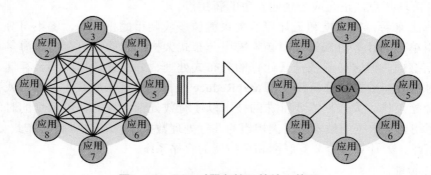

图1-26　SOA对服务接口的统一管理

将 SOA 技术融入物联网项目中，我们可以减少服务开销，物联网终端设备能力受限，需要一种轻量级的面向服务的模式，比使用专用的 API 更能减少服务开销。我们还可以最小化注册能耗，在物联网环境下，各类设备通过网络发现机制注册其服务，这个过程应该是不存在人工干预的，在实现"即插即用"的同时应减少设备所提供的注册信息量。如果是按现有的这种频繁的注册分析方式，物联网终端设备是无法接受和承受的，而 SOA 可以更好地解决这一问题。

6. MQTT 协议

MQTT 协议（Message Queuing Telemetry Transport，消息队列遥测传输协议）是一种基于发布 / 订阅（Publish/Subscribe）模式的"轻量级"通信协议，该协议构建于 TCP/

IP 上。

MQTT 协议的设计思想是轻巧、开放、简单、规范，因此易于实现。它可以以极少的代码占用空间，用有限的网络带宽连接远程设备，提供实时可靠的消息服务。MQTT 作为一种低开销、低带宽占用的即时通信协议，在包括受限的环境如机器与机器的通信（M2M）、物联网环境、移动应用等方面有较广泛的应用。

7. 数据库

在信息社会，信息可以划分为两大类：一类信息能够用数据或统一的结构加以表示，我们称之为结构化数据，如数字、符号；而另一类信息无法用数字或统一的结构表示，如文本、图像、声音、网页等，我们称之为非结构化数据。在当今的互联网中，最常用的数据库模型主要是结构化数据库和非结构化数据库。

而数据库则是按照数据结构来组织、存储和管理数据的仓库的。

结构化数据库是指采用了关系模型来组织数据的数据库。简单来说，关系模型就是二维表格模型，例如 SQL Server、Oracle、MySQL 等数据库。

非结构化数据库是指数据库的变长纪录由若干不可重复和可重复的字段组成，而每个字段又可由若干不可重复和可重复的子字段组成。简单地说，非结构化数据库就是字段可变的数据库。常见的非结构化数据库有 Memcached、Redis、MangoDB 等。

8. 软件开发技术

（1）MVC

MVC 是模型－视图－控制器的缩写，是一种软件设计模式，目的是将 M（业务逻辑）和 V（显示）分离，其最大优点是耦合性低和可维护性高。

（2）Spring MVC 关键技术

Spring MVC 也称为 Spring Web MVC，是 Spring 框架的一个子模块，它实现了 MVC 模式，便于简单、快速地开发 MVC 模式的 Web 程序。

（3）Mybatis 关键技术

Mybatis 是轻量级的持久层开源框架，它对 JDBC 技术封装，简化数据库操作代码，支持高级映射和动态 SQL，是一个优秀的 ORM（Object Relational Mapping，对象关系映射）框架。

（4）Ajax 技术

Ajax 是将 JavaScript、XHTML、CSS、DOM、XML Http Request、XML 和 XSTL 等技术综合应用的技术。Ajax 的主要优势在于更新维护数据的时候可以不必更新整个页面，因此可以带来更好的用户体验。

1.2.4　任务回顾

（图标）**知识点总结**

1. 物联网感知层关键技术包含射频识别技术、传感器技术、二维码技术、GPS 定位技术、短距离无线传输技术、物联网网关技术。

2. 网络层关键技术包含传统互联网、移动通信网络、卫星通信网络、低功耗广域网（LPWAN）。

3. 物联网通过应用层对感知数据进行分析处理、挖掘和融合，为用户提供功能丰富的服务，实现广泛智能化的应用。物联网应用层关键技术包括云计算、大数据、人工智能、物联网云平台。

学习足迹

任务二学习足迹如图 1-27 所示。

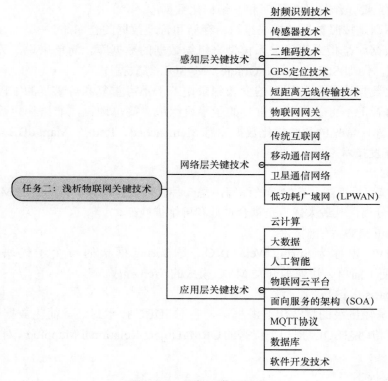

图1-27　任务二学习足迹

思考与练习

1. _____ 综合了传感器技术、嵌入式计算技术、智能组网技术、无线通信技术、分布式信息处理技术等，能够通过各类集成化的微型传感器的协作实时监测、感知和采集各种环境或监测对象的信息。

2. _____ 简称 RFID 技术，又称无线射频识别，是 20 世纪 90 年代兴起的一种自动识别技术，可通过无线电信号识别特定目标并读写相关数据，而无需识别系统与特定目标之间建立机械或光学接触。

3. 传感器是一种检测装置，能感受到被测的信息，并能将检测感受到的信息，按一定规律变换成为电信号或其他形式的信息输出，以满足信息的 _____、_____、_____、_____、记录和控制等要求。

4. 举例说明低功耗广域网，并列举出其优点。

5. 云计算提供几个层次的服务？

1.3 项目总结

本项目为物联网方案的设计与实现打下了坚实基础，通过本项目的学习，我们理解了物联网的概念，了解了物联网的发展现状，掌握了物联网的技术体系架构；了解物联网感知层、网络层、应用层的关键技术。

通过本项目的学习，学生提高了对物联网行业的认知能力，提升了对物联网行业的市场调研能力。

项目总结如图 1-28 所示。

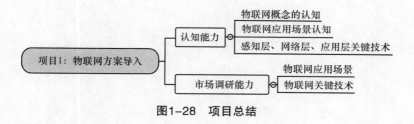

图1-28 项目总结

1.4 拓展训练

自主调研分析：物联网应用场景调研报告

随着科技的快速发展，物联网技术的应用已经渗透了各个领域，包括智能电网、智能交通、智能物流、智能绿色建筑和环境监测等。物联网技术已经在潜移默化地影响着我们的生产生活。请选取一个或者多个物联网应用场景调研，并撰写调研报告。

物联网应用场景调研报告需包含以下内容：

- 对物联网应用场景的整体描述；
- 分析物联网应用场景在传感层、网络层、应用层中所采用的关键技术；
- **格式要求**：撰写 Word 版本的调研报告，并采用 PPT 方法进行概括讲解。
- **考核方式**：提交调研报告，并采取课内发言的方式，时间要求 5~8 分钟。
- **评估标准**：见表 1-2。

表1-2 拓展训练评估标准表

项目名称： 物联网应用场景调研报告	项目承接人： 姓名：	日期：
项目要求	**评价标准**	**得分情况**
应用场景概述、整体架构分析 （30分）	① 物联网应用场景描述合理、生动（15分）； ② 整体架构分析准确（15分）	
传感层、网络层、应用层关键技术分析（50分）	① 传感层关键技术阐述合理（20分）； ② 网络层关键技术阐述合理（15分）； ③ 应用层关键技术阐述合理（15分）	
综合评分（20分）	① 发言人语言简洁、严谨；言行举止大方得体； 说话有感染力，能深入浅出（10分）； ② 文档规范，目录架构清晰，逻辑清晰（10分）	
评价人	**评价说明**	**备注**
个人		
老师		

项目 2

物联网方案的框架设计

项目引入

目前，项目有条不紊地在向前推进，所谓知己知彼，方能百战不殆。经过上周对物联网行业的深入调研，我们对进入这个行业信心百倍，接下来，项目经理 Philip、需求分析团队 Raby 和我将研究总体设计需求分析及方案，但是我有些找不到方向，于是向 Raby 请教。

> Lang：Raby，之前我们负责的是移动互联项目，但是现在这个物联网项目我有点找不到切入点。
>
> Raby：万变不离其宗，在方案的开发方法和流程上面，物联网与移动互联项目大同小异，都需要经历"需求收集""需求分析""方案设计（设备、系统、技术选型）""方案验证""方案评审"等阶段。
>
> Lang：所以，要完成项目的总体设计，第一要务仍然是分析需求。
>
> Raby：是的，这周我们将去拜访客户，收集需求。

会后，我按照 Raby 所说的物联网方案开发了流程图形，以此来指导我们之后的工作，如图 2-1 所示。

图2-1　物联网方案开发流程

知识图谱

知识图谱如图 2-2 所示。

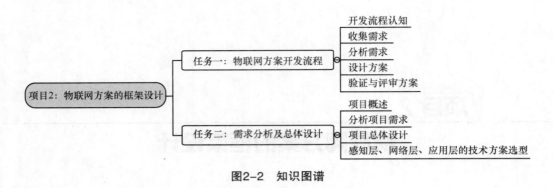

图2-2　知识图谱

2.1　任务一：物联网方案开发流程

【任务描述】

一份物联网方案的产生，绝不是凭空构想，而是需要经历需求收集、需求分析、方案设计、方案验证、方案评审等阶段。这需要我们循序渐进，一步一个脚印地完成每个环节的工作。

那么，各阶段具体应该做哪些工作，会输出什么成果呢？接下来，让我们一起探究物联网方案开发流程。

2.1.1　开发流程认知

物联网方案，即物联网项目的解决方案，顾名思义，是指针对该物联网项目挖掘用户需求，并提出项目总体设计、关键技术选型等的一个整体的解决方案。

项目一般分为自研项目与外包项目。

自研项目是指公司根据某个用户群体的通用需求，自行研发产品。自研产品的生命周期犹如人的成长过程，即从出生（产品构思）到成长（产品的版本更新），直至去世（产品中止）的过程。产品通过版本的更新不断迭代，当产品被废弃时，生存周期才算结束。

而外包项目则不同，是指公司接收第三方委托研发项目，它的生命周期从承接项目开始，直至项目的启动、策划、执行监控和收尾。当项目验收交付、结项时，项目生存周期结束。

当然，不论是自研项目还是外包项目，都会有产品产生。如果项目是由第三方委托公司研发，物联网方案则是第三方提供的项目需求文件。

从方案的内容来看，一份较为完整的物联网方案一般具有项目概述、需求分析、总体设计、感知层设计、网络层设计、应用层设计等核心模块，具体内容见表2-1，但是在实际工作中，一份物联网方案的内容还会有更加丰富的多个模块。

表2-1 物联网方案核心模块

序号	模块	内容
1	项目概述	物联网项目的整体描述
2	需求分析	分析项目要做什么
3	项目总体设计	项目整体功能模块设计
4	感知层设计	传感器关键技术
5	网络层设计	网络层设计及关键技术
6	应用层设计	数据存储关键技术、功能业务流程及原型设计

从物联网方案产生的流程来看，一份物联网方案的产生，需要经历需求收集、需求分析、方案设计、方案验证、方案评审等多个阶段。每个环节的核心工作如图 2-3 所示。

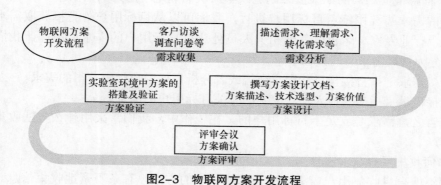

图2-3 物联网方案开发流程

2.1.2 收集需求

项目实施不能"闭门造车"，需求收集当之不愧的成为项目落地的第一步。项目所采集的各种用户需求素材是产品需求的唯一来源，需求把握不到位，开发出来的产品将会产生巨大的偏差。需求收集的质量影响着产品最终的质量，也是项目能否顺利交付的关键。

1. 需求的概念及种类

需求是指个体客观或主观上的一种诉求。

我们可以将需求划分为用户需求与产品需求。用户需求是指来自于用户主观的一种诉求，因为其具有主观性，我们采集到的用户需求不能直接实现为功能，而是从用户需求出发，去挖掘背后的用户动机，挖掘真实的需求，再结合综合的因素，最终归纳为产品需求。用户需求与产品需求如图 2-4 所示。

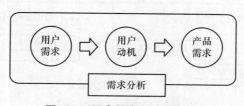

图2-4 用户需求与产品需求

著名企业家福特在研制汽车时，在对用户需求充分的调查与分析后，才开始设计与研制汽车。福特曾询问过很多人这样一个问题："您需要一个什么样的更好的交通工具？"几乎所有人的回答都是："我需要一匹更快的马。"福特并未就此停止交流，而是继续追问。

福特："你为什么需要一匹更快的马？"

用户："因为它跑得快。"

福特："你为什么需要跑得更快呢？"

用户："这样我就可以更早地到达目的地。"

福特："所以，你需要一匹更快的马真正的用意是什么？"

用户："用更短的时间更快地到达目的地！"

从对话中，我们可以提炼出用户需求："一种可以用更短的时间、更快地到达目的地的工具"。福特根据用户的期望值来制造汽车，从而满足了用户的需求。

用户的需求需要围绕着目标用户进行，我们可以从目标用户处直接获取需求，也可以从同事、行业专家、老板、其他相关人员处获得目标用户的需求。因此，我们也可以把需求划分为直接需求与间接需求。

- 直接需求：指直接与目标用户交流或者分析目标用户行为获得的需求。
- 间接需求：指从其他人那获取到的有关目标用户的需求。

总而言之，需求是立足于目标用户的。在工作中，我们常采用什么方法收集用户需求信息呢？

2. 如何收集用户需求信息

我们不能盲目收集用户需求，而要选择科学的方法，有条不紊地收集信息。我们常选择用户研究的方法来收集用户需求。

对于新产品来说，用户研究一般用来明确用户需求点，帮助把握产品设计方向；对于已经发布的产品来说，用户研究一般用于发现产品问题及优化产品。用户研究贯穿产品研发的各个阶段。

用户研究方法众多，归纳起来分为两个维度：定性与定量、主观与客观。用户研究方法如图2-5所示。

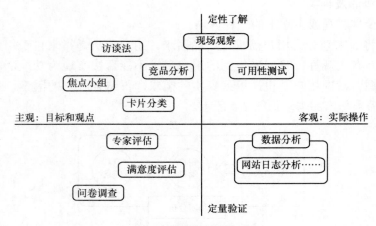

图2-5 用户研究方法

常用的用户研究方法有访谈法、焦点小组、问卷调查、可用性测试、数据分析等，下面我们对这5种研究方法分别说明。

（1）访谈法

我们常常采用深度访谈的形式挖掘用户需求和用户使用产品过程中的行为信息，像朋友之间谈话一样，越深入越能得到更多有用的信息。

（2）焦点小组

焦点小组采用小型座谈会的形式，由主持人以一种无结构、自然的形式与客户交谈，从而对有关问题深入了解。

（3）问卷调查

问卷调查是指通过采用线上或者线下大规模的问卷调查收集用户数据。这种方法较为节省人力和物力，便于量化统计，适用于研究大规模的用户。

（4）可用性测试

观察用户对产品的实际操作，界定可用性问题并解决这些问题。可用性测试一般在用户产品测试阶段，常用于产品走查、功能及易用性测试阶段。

（5）数据分析

数据分析是贯穿整个用户研究的必备工作之一。数据分析的方法有很多，例如网站日志分析。需求分析工程师在收集需求时，首先要结合项目本身特点，筛选合适的用户研究方法，在收集需求阶段，我们常选用访谈法、焦点小组法收集需求。具体收集需求实施步骤如图2-6所示。

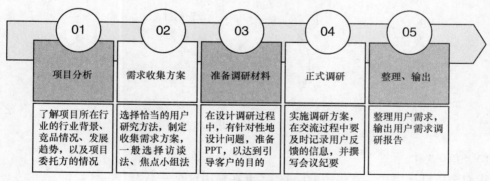

图2-6　收集需求实施步骤

2.1.3　分析需求

分析需求是开发人员经过深入细致的调研和分析后，准确理解用户和项目的功能、性能、可靠性等具体要求，将用户非形式的需求表述转化为完整的需求定义，从而确定系统工作的过程。

1. 挖掘用户需求，转化为产品需求

用户需求并不一定是产品需求，用户的需求比较单纯，他们不考虑怎么实现需求，也不考虑需求是否符合产品本身的定位，只要求需求能快速被满足。从用户需求转化为产品需求，再针对产品需求设计产品功能，开发人员需要对收集的纷繁杂乱的用户需求进行整理、归类、去伪存真，从而分析出产品真正需要实现的功能，而不是"用户提了什么需求就去做什么功能"。

我们需要从以下 3 个方面考虑用户需求。

（1）找准目标用户群体

目标用户是产品最直接的受众群体，目标用户群的重要性不言而喻，找准真正的目标用户，是项目开发是否能被用户认可的关键步骤。

（2）挖掘用户真实动机

当用户描述需求的时候，往往从自身出发，发散地描述个人想法，所以大多数的时候，我们收集到的用户需求，未必是用户真实的动机，因而挖掘出用户针对这种需求的行为动机就显得尤为重要。

（3）构建角色、场景、行为

在做需求分析时，我们需要将具体的角色放置到特定的场景中，从而进一步分析用户的需求。

需求分析的核心在于理清三个维度的信息：角色、场景、行为，它们被通俗地表达为需求分析三要素，如图 2-7 所示。

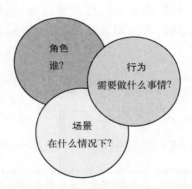

图2-7　需求分析三要素

1）"角色"指"谁"

我们定位目标用户，首先需要回答："谁在使用这个产品？"

为了完美地回答这个问题，我们可以采用"用户画像"的方式，建立用户模型，对用户进行描述。

用户画像，即用户信息标签化，是通过收集与分析用户社会属性、生活习惯、消费行为等主要信息的数据后，抽象得到一个用户模型。一个可信的、易于理解的用户模型会贯穿于整个项目开发流程中，研发者需要不断地对照用户画像理解用户。

构建一幅用户画像，是一个非常有趣且需要细致打磨的环节。基本元素通常包括：姓名、照片、个人信息、经济状况、工作信息、计算机互联网背景。其他元素，包括：居住地、工作地点、公司、爱好、家庭生活、朋友圈、性格、个人语录等。

如图 2-8 所示，我们有如下描述：小李，男，19 岁，学生，物联网专业，爱运动，爱美食，团购达人，性格乐观等。这是一幅用户画像，它将用户信息标签化处理。

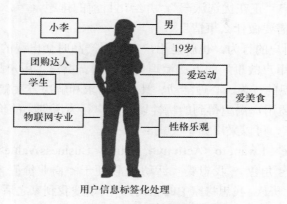

用户信息标签化处理

图2-8 用户画像

2)"场景"指"在什么情况下"

场景化思维是一种从用户的实际使用角度出发，将各种场景元素综合起来的一种思维方式。通过人、时间、地点、目的和要做的事情等元素组成一个具体的画面，这个画面就是场景。这是设计一个产品和考量某个用户需求的重要依托。

从场景元素划分，我们可以将用户场景划分为基础场景和环境场景，如图2-9所示。

图2-9 用户场景

其中，"人物"是指"角色"，指产品的使用人群，产品往往需要根据使用人群的不同特征来进行相应的设计。例如，小米在系统中加入的"老人模式"，特意放大了字体，并精简了功能，这是针对"老年用户的特征和使用习惯"这一场景来设计产品的。

"目的"是指用户基于什么目的和解决什么问题而使用该产品。例如，智能家居中的智能照明系统，是解决用户能一键控制家中灯光的需求。

"要做的事"即用户的行为，是用户对产品的一些操作（主动或被动）。例如，用户在 App 内执行搜索、确认等一些操作时，产品应该作出相应的反应和表现。

"时间"是指用户使用产品的时间（白天、晚上、上课、下课、上班、下班等）。例如，智能家居中的智能空调，用户还未到家，就可以通过手机 App 开启家中空调，并将温度调节至舒适的温度。

"地点"是指用户使用产品的地点，用户在不同地点会产生不同的需求。同样的产品，在不同的地点带给用户的体验也是不一样的。例如，用户在网络信号较差的地下车库使用共享单车，在扫描取车时，可能会因为网络较差而取车失败；而在地面上，用户能很顺利地扫描取车。同时，我们还要考虑人物内心状态、身体外部状态等情况。例如，滴滴打车系统会提醒用户"正在优选派车"，并给出目前的排序。

3）"行为"指"需要做什么事情"

"要做的事"即用户的行为，也就是用户在使用产品时会出现的一些情况。

我们可以采用"用户故事"的方法梳理用户行为。撰写"用户故事"，需要用户在特定的场景中，把会出现的行为、心理活动、具体的需求和解决方案叙述出来。"用户故事"是站在用户的角度描述用户渴望得到的特性以及用户行为所带来的价值。

描述"用户故事"，可以采用如下公式：

英文：As a <Role>, I want to <Activity>, so that <Business Value>.

中文：作为一个 <角色>，我想要 <活动>，以便于 <商业价值>

例如，作为一个上班族，我想将家中的空调打开，以便我到家之后可以享受舒适的室温。

（4）采用需求三法构建需求：减法、加法和挖掘

如何从纷繁杂乱的用户需求中去挖掘真实需求，如图 2-10 所示。

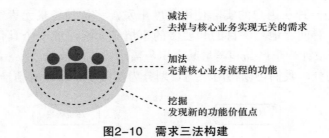

图2-10　需求三法构建

2. 需求的描述

需求分析所确定的功能需要与用户确认，同时还需要将需求交付给设计人员、开发人员，以便开展下一步的项目实施工作。我们需要描述清楚需求，描述需求的方式有多种，可根据需要交付的对象确定描述方式。

针对 UI 设计师，我们可以采用直观的低保真原型图的方式描述需求，如图 2-11 所示。

图2-11　低保真原型

　　针对用户，我们可以采用高保真的原型图或者功能架构图的方式描述需求，如图 2-12 所示。

图2-12　高保真原型

　　开发人员更关注产品的功能及数据流，采用 UML 建模的方式会更加清晰地梳理需求。下面，我们深入了解 UML 建模。

　　Unified Modeling Language（UML，统一建模语言或标准建模语言）是一个支持模型化和软件系统开发的图形化语言，为软件开发的所有阶段提供模型化和可视化支持，包括从需求分析到规格、构造及配置。UML 最适用于数据建模、业务建模、对象建模、组件建模。UML 提供多种类型的模型描述图，当在某种给定的方法学中使用这些图时，它使得开发中的应用程序更容易被理解。把标准的 UML 图放入工作产品，精通 UML 的人员可以更加容易加入项目并迅速进入角色。

　　UML 是在 Booch、OMT、OOSE 等面向对象的方法及其他许多方法与资料的基础上发展起来的。UML 不仅包含了许多人员的不同观点，而且也受到了非面向对象的影响。UML 表示法集中了不同的图形表示方法，剔除了其中容易引起的混淆、冗余或者很少使用的符号，同时添加了一些新的符号。其中的概念来自于面向对象技术领域中众多专家的思想，大部分观点并不是开发者自己提出来的，他们的工作在很大程度上只是对优秀的面向对象建模方法加以选择和综合。UML 从系统的不同角度考虑用例图是，定义了用例图、类图、对象图、状态图、活动图、顺序图、协作图、构件图、部署图 9 种图。

　　（1）用例图

　　用例图是描述角色以及角色与用例之间的连接关系。用例图要说明是谁使用系统以及他们使用该系统干什么。一个用例图包含了多个模型元素，如系统、参与者和用例，并且显示了这些元素之间的各种关系，如泛化、关联和依赖。用例图如图 2-13 所示。

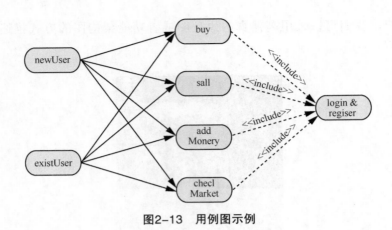

图2-13　用例图示例

（2）类图

类图是描述系统中的类以及各个类之间的关系的静态视图。它能够让我们在正确编写代码之前对系统有一个全面的认识。类图是一种模型类型，也是一种静态模型类型，如图 2-14 所示。

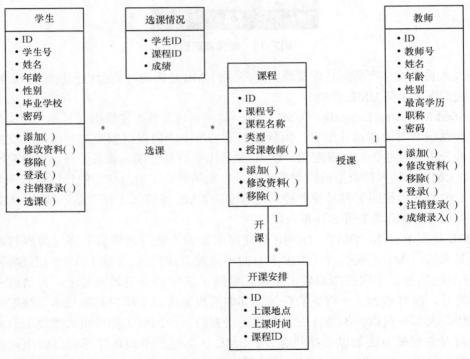

图2-14　类图示例

（3）对象图

对象图与类图极为相似，它是类图的实例。对象图显示类的多个对象实例，而不是实际的类。对象图描述的不是类之间的关系，而是对象之间的关系，如图 2-15 所示。

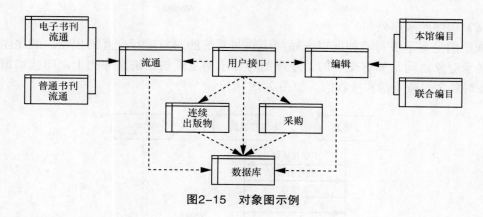

图2-15 对象图示例

（4）活动图

活动图是 UML 对系统的动态行为建模的另一种常用工具，它阐明了业务用例实现的工作流程，描述了活动的顺序，展现从一个活动到另一个活动的控制流。活动图在本质上是一种流程图。活动图着重表现从一个活动到另一个活动的控制流，是内部处理驱动的流程，如图 2-16 所示。

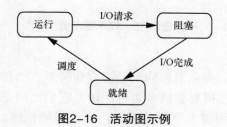

图2-16 活动图示例

（5）状态图

状态图描述一个特定的对象所有可能的状态，以及由于各种事件的发生而引起的状态之间的转移和变化，表现为一个对象所经历的状态序列、引起状态转移的事件（Event）以及因状态转移而伴随的动作。通常，我们创建一个 UML 状态图是为了研究类、角色、子系统或组件的复杂行为，一般可以用状态机对一个对象的生命周期建模。状态图用于显示状态机，重点在于描述状态图的控制流，如图 2-17 所示。

图2-17 状态图示例

（6）顺序图（序列图）

顺序图是显示参与者如何以一系列步骤与系统的对象进行交互的模型。顺序图可以用来展示对象之间是如何交互的。顺序图将显示的重点放在消息序列上，即强调消息是如何在对象之间被发送和接收的，如图 2-18 所示。

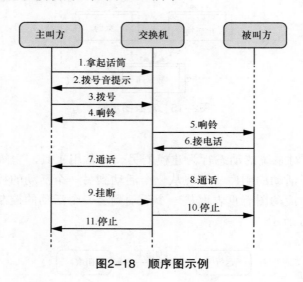

图2-18 顺序图示例

（7）协作图

协作图和顺序图相似，显示对象间的动态合作关系。协作图可以看作是类图和顺序图的交集，比如，协作图建模对象或者角色，以及它们之间是如何通信的。强调时间和顺序时，可使用顺序图；强调上下级关系时，则选择协作图。这两种图合称为交互图，协作图如图 2-19 所示。

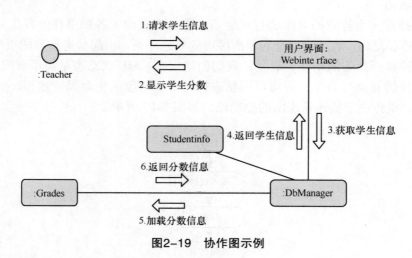

图2-19 协作图示例

（8）构件图（组件图）

构件图描述代码构件的物理结构以及各种构件之间的依赖关系。构件图用来建模软件的组件及其相互之间的关系,这些图由构件标记符和构件之间的关系构成。在构件图中,构件是软件单个组成部分,它可以是一个文件、产品、可执行文件和脚本等,如图2-20所示。

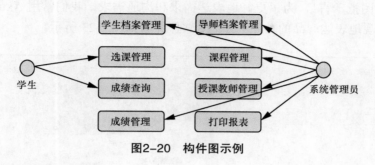

图2-20 构件图示例

(9)部署图(配置图)

部署图是建模系统的物理部署,例如计算机和设备,以及它们之间是如何连接的。部署图的使用者是开发人员、系统集成人员和测试人员。部署图如图2-21所示。

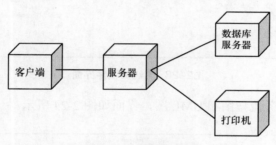

图2-21 部署图示例

当我们在建设学校信息化时,在线教学平台的学生登录平台功能采用UML用例图分析结果如图2-22所示。

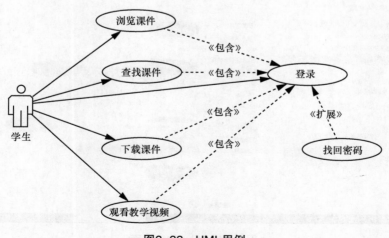

图2-22 UML用例

我们将在任务 5.1.2 中详细介绍 UML 的使用功能，这里不再赘述。

3. 分析需求工具

所谓"一图抵千言"，为了更好地表达需求和沟通需求，我们常用 Axure 制作产品原型图，更为直观地表达产品的功能。Axure 软件界面如图 2-23 所示。

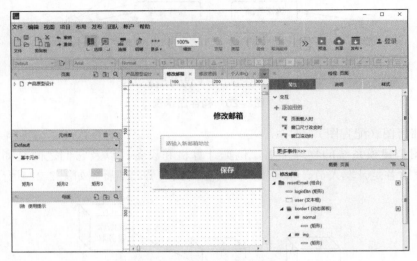

图2-23　Axure软件界面

Visio 可以绘制业务流程图和 UML 图，界面如图 2-24 所示。

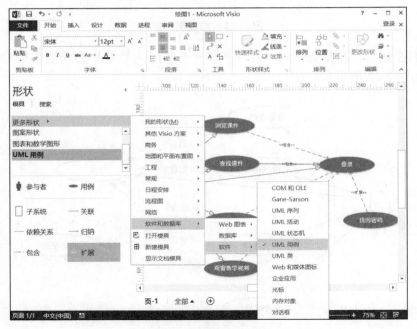

图2-24　Visio软件界面

我们还需要借助其他的软件工具绘制。例如，在分析项目信息结构时，可以采用思维导图工具；在市场调研时，我们需要采用 Excel 制作市场调研表；在输出产品需求文档时，我们可以采用 Word；向用户讲解时，我们需要制作 PPT。

4. 产品需求文档

产品需求文档（Product Requirement Document，PRD）是产品项目由"概念化"阶段进入"图纸化"阶段的最主要的一个文档，作用就是对市场需求文档（Market Requirement Document，MRD）中的内容指标化和技术化，这个文档的质量好坏直接影响研发部门是否能够明确产品的功能和性能。

该文档在产品项目中起到"承上启下"的作用，"向上"是对市场需求文档内容的继承和发展，"向下"是要把市场需求文档中的内容技术化，向研发部门说明产品的功能和性能指标。本书中所说的正是产品需求文档。

【知识拓展】

市场需求文档在产品项目过程中属于"过程性"文档。市场需求文档是市场部门的产品经理或者市场经理编写的一个产品的说明需求的文档。该文档是产品项目由"准备"阶段进入"实施"阶段的第一文档，作用就是"对年度产品中规划的某个产品进行市场层面的说明"，这个文档的质量好坏直接影响产品项目的开展，并直接影响公司产品战略的实现。

需求分析文档核心模块见表 2-2。

表2-2　需求分析文档核心模块

序号	模块	内容
1	文档备案	包括文档日期、版本号、修改人、修改内容和审核人等信息，一般以表格形式位于文档起始部分
2	目录	目录索引，方便阅读
3	背景描述	描述产品/模块、市场行情、业务目标、产品定位
4	用户类型	简单地描述目标用户的情况
5	信息结构	简单理解为内容和页面的层级
6	业务流程说明	以流程图形式说明业务各个状态间的切换逻辑
7	需求详细说明	每一条需求的详细说明（包括使用场景、UI描述、功能描述、优先级、输入/输出条件、处理流程、补充说明等）

2.1.4　设计方案

针对物联网项目，在进行了需求分析之后，我们需要设计物联网方案。

需求分析解决了"项目或者产品需要做什么"的问题，而在"方案设计"中，除包含需求分析外，还需要进行项目的总体设计，即解决"怎么做"的问题。因为物联网项目的特殊性，我们还应该从"感知层设计""网络层设计""应用层设计"这3层展开研究。

我们以共享单车为例分析物联网。作为最近热门的话题性产业，共享单车是典型的物联网技术应用的产品。共享单车通过射频识别、定位系统等信息传感设备，按约定的协议将自行车与互联网相联，进行信息交换和通信，以实现自行车的智能化识别、定位、追踪、监控和管理。

1. 项目总体设计

每一辆单车都有唯一的身份信息（ID）被存储在云端服务器。当单车被投放到地面上时，车辆管理系统会实时获取单车信号芯片上报的数据，在线管理车辆，如图 2-25 所示。单车芯片组上报的数据包含单车的经纬度，当用户通过手机 App 寻找车辆时，车辆管理系统根据用户的当前位置，将单车的经纬度接入地图的 API 中，并通过地图模式展示给终端用户，具体应用流程如下。

①打开手机 App 扫描二维码，App 识别车锁编号后，将编号传送给共享单车的云端服务器中。

②后台系统鉴权、标识成功后，通过通信模块向中心控制单元发送解锁指令，App 接收后台发送的机电锁车装置开锁的状态信息后开启机械锁的控制插销，开锁成功后开启计费。

③单车行驶过程中，芯片实时上报位置、里程信息。

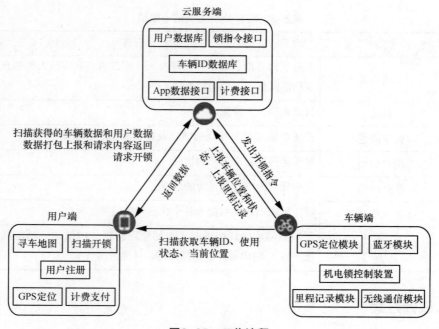

图2-25 工作流程

④当用户使用完成后，插销会触发电子控制模块的锁车控制开关，中央控制器通过无线移动通信模块，通知后台管理系统已锁车，后台确认成功后结束计费。

2. 感知层

共享单车的感知层主要是指车锁部分。车锁包括中心控制单元、GPS 定位模块（"北斗 +GPS+ 格洛纳斯"多模卫星导航芯片）、无线移动通信模块（物联网卡）、机电锁车装置、电池、动能发电模块、充电管理模块、车载加速度计等。

3. 网络层

网络层采用 NB-IoT 技术可靠传输信号。首先 NB-IoT 信号的穿墙性能远超现有的网络，即使用户在地下停车场，也能利用 NB-IoT 技术顺利开关锁；其次，NB-IoT 技术比传统的通信网络连接能力高出百倍以上，也就是说，同一基站可以连接更多的智能锁设备，以此避免宕机情况；此外，NB-IoT 设备的电池使用时长可完全覆盖共享单车的生命周期。

4. 应用层

摩拜单车发布了"摩拜 +"开放平台战略，布局"摩拜 + 生活圈""摩拜 + 物联网""摩拜 + 大数据"三大开放平台，极大地方便了用户的绿色出行。

2.1.5 验证与评审方案

物联网方案文档成型之后，并不能直接交由研发部门开始研发产品。为了保证产品的质量，我们还需要在实验室构建原型验证方案，以确定方案的可行性。方案通过验证之后，再召开方案评审会议，陈述及研讨方案，取得客户的认可之后，需要在方案上签字确认，作为之后项目实施的依据。如果方案未通过评审，还需要继续修改，之后再评审，直至得到客户认可。

2.1.6 任务回顾

知识点总结

1. 物联网方案开发的流程。
2. 用户需求与产品需求的概念及区别。
3. 需求收集的常用方法：访谈法、焦点小组、问卷调查、可用性测试、数据分析。
4. 需求分析的概念、挖掘用户需求并转化为产品需求的方法。
5. UML 用例图、类图、对象图、状态图、活动图、顺序图、协作图、构件图、部署图。
6. 产品需求文档的概念及核心模块。

学习足迹

任务一学习足迹如图 2-26 所示。

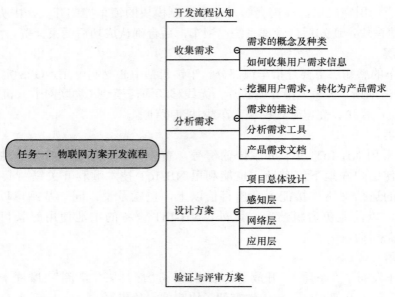

图2-26　任务一学习足迹

思考与练习

1. 收集用户需求可以采用用户研究方法中的 ＿＿＿＿＿＿＿、＿＿＿＿＿＿＿、＿＿＿＿＿＿＿、可行性测试、数据分析等方法。

2. 需求分析的核心在于理清三个维度的信息：＿＿＿＿＿＿＿、＿＿＿＿＿＿＿、＿＿＿＿＿＿＿。

3. ＿＿＿＿＿＿＿，即用户信息标签化，就是通过收集与分析用户的社会属性、生活习惯、消费行为等主要信息的数据之后，完美地抽象出一个用户模型。

4. 简述物联网方案的开发流程及各环节所要完成的工作任务。

2.2　任务二：需求分析及总体设计

【任务描述】

在任务一中，我们熟悉了物联网方案的开发流程，也对"收集需求""分析需求""设计方案""验证方案""评审方案"等阶段所需要完成的任务及采用的方法和工具有了一定的认识。

所谓"读万卷书，也要行万里路"。我们不能停留在理论层面，一切还是要付诸于实践，运用科学的流程、方法、工具实现需求分析、总体设计及技术方案的选型以及项目方案文档的编写。在本任务中，我们以"基于物联网的共享洗衣机"项目为例，对物联网项目方案中涉及的需求分析及总体设计进行介绍。

2.2.1 项目概述

在概述物联网项目时，我们不仅需要用简明扼要的语言表达清楚项目的背景、意义、目的等，还要描述业务领域知识，让阅读文档的读者明白该项目是做什么的。以"基于物联网的共享洗衣机"项目为例，其项目概述如下。

"基于物联网的共享洗衣机"，是指基于物联网技术，在商业区、工厂、校园等公共场所提供洗衣机的共享服务，是共享经济的一种新形态。

项目概述从项目名称、使用场景、服务、技术背景等方面进行描述，具体如图2-27所示。

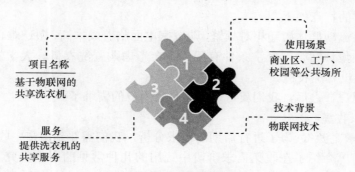

图2-27 项目概述

2.2.2 分析项目需求

我们从用户入手，使用用户研究方法，进行需求采集、需求分析、需求筛选，然后再落实到需求开发上。

随着移动互联技术、物联网技术的飞速发展，共享经济这种新的经济形势应运而生，共享经济的浪潮来袭，而物联网正是共享经济前行的强有力的助推剂。与传统的洗衣机不同，"基于物联网的共享洗衣机"是智能化的洗衣机，它包括远程搜索、在线预约、清洗模式优选、在线支付、提醒通知等服务内容。

1. 目标用户群体分析

目标用户群是产品最直接的使用者，找准目标用户是需求分析的重中之重。我们需要细分用户群，这也是最常见的用户研究手段。

我们可以从项目背景入手，挖掘用户群体。以"基于物联网的共享洗衣机"项目为例，有如下分析。

奥维云网推总数据显示，2016年中国洗衣机市场的零售量为3428万台，同比上涨2.2个百分点，零售额为615亿元，同比上涨1.2个百分点。常规洗衣机市场的增长空间所剩无几，不过以高校学生、都市租客和工厂蓝领等为主体的2.2亿流动人口，却迸发出对洗衣机巨大需求量的空间。

因此，如图2-28所示，共享洗衣机的目标群体可以锁定为高校学生、白领租客、工厂蓝领等流动人口身上。

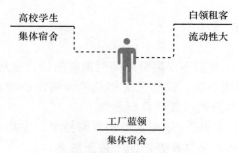

图2-28　锁定目标用户

这些用户群的特点如下。

白领租客等流动群体搬迁相对频繁，购置家电面临着成本高、搬迁难、处置难的窘境。工厂蓝领租住在集体宿舍，经济条件有限，不会考虑购置洗衣机。大学生洗衣服的时间不固定，宿舍也没有洗衣机。

找准目标用户群之后，我们就可以开始收集用户的需求了。

2. 用户需求收集

"用户是需求之源"，为了进行后期的需求分析，我们需要到用户中收集他们的需求。任务一中我们简单介绍了在收集需求阶段中选用的几种常见的用户研究方法，在实际工作中，我们到底采用哪种用户研究方法取决于资源，比如，人员的数量与能力、项目周期与经费。"基于物联网的共享洗衣机"项目处于产品未成形阶段，因此我们选用访谈法、问卷调查法收集需求。

（1）访谈法

访谈法是定性研究的一种常用方式，该项目采用用户访谈的方式获取用户需求。用户访谈通常是指访谈者与被访者以一对一聊天的方式围绕几个特定的话题进行问答，一个批次的用户访谈样本比较少，一般是收集几个到几十个批次的内容，但用户访问在每个用户身上花的时间比较多，通常需要花费几十分钟或几个小时，这是一种典型的定性研究方法。用户访谈可以了解用户的目标和观点。用户访谈经常用在新产品方向的预研工作中，或者通过数据分析发现现象以后，去探索现象背后的原因。

图 2-29 所示为用户访谈的操作流程。

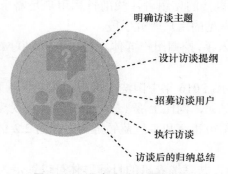

图2-29　用户访谈的操作流程

1）明确访谈主题

在访谈前，我们需要明确这次访谈的目的和谈话的主题。

用户访谈的目的一般分为探索性研究或者验证性研究。探索性研究没有固定的结构，不拘泥于形式，访谈者会预先设定一个主题范围并在该范围内与用户互动，并不断追问用户，并在该主题下逐步产生新知识。验证性研究一般是已知某观点或结论，为了检验该观点或结论的普遍性而去做的研究。

访谈前，访谈者要做好充分的准备工作，探索性研究一般是在产品未研发之前，对于这类的访谈，访谈者要对访谈的领域及其相关知识点有一定的了解，对访谈的用户也要有一定的了解。验证性研究一般是基于一定的产品的，因此，访谈者应熟悉对应的产品。而此时被访谈的用户一般是产品的使用者，他对产品也是有一定了解的。如果访谈者本身不熟悉产品，则会直接影响访谈的进程进而导致结果出现偏差。

2）设计访谈提纲

a. 访谈提纲的内容

访谈提纲可以从用户背景、相关的心理需求、产品的使用环境、用户动机、用户期望实现的功能及心理预期等方面设置，具体如图 2-30 所示。

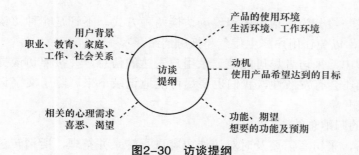

图2-30　访谈提纲

b. 访谈提纲的题目要循序渐进

访谈者首先要设计一些简单的问题，以此拉近与用户之间的距离，建立用户的信任，通过循序渐进的过程和用户形成良好的互动。例如，以共享洗衣机的用户访谈为例，访谈对象是职场白领，我们先设计一些简单的问题，具体如下。

◎　你一周洗几次衣服？

◎　你是自己买的洗衣机还是将衣服送到洗衣房？

◎　你家洗衣机是什么品牌的？

◎　平时会将衣服送到洗衣房吗？价格如何？

用户访谈的提问是开放性的试题，我们不需要给用户选项，而是引导用户自己去思考并回答，上面先从洗衣频次、使用场景等内容提问，然后再慢慢切换到共享洗衣机的方向上，具体如下。

◎　你是否听说过共享洗衣机这种模式？

◎　你愿意尝试使用共享洗衣机吗？

◎　你的衣服是分类清洗吗？

c. 题目的描述通俗易懂

不同的用户对访谈主题的了解程度不同，极客用户可能对此了解的较多，也相对专业。但对于小白用户而言，过多的专业术语只会使访谈变得不顺畅，浪费时间且问不出来实际的需求。例如，如下这个问题：

◎ 你知道共享洗衣机采用了什么物联网技术吗？

普通用户只关心产品能解决什么实际的问题，而不会去关注产品背后所使用的技术，这个问题对于小白用户来说，会令人崩溃，也与收集用户需求这一目标背道而驰。

3）招募访谈用户

访谈用户样本的数目不需要追求数量，理想的情况是一组样本的数量为 5~8 个，采访者通过对这 5~8 个用户的深度访谈可以得到一些想要的信息，如果要验证这些信息，可以继续使用投放基于访谈而编制的问卷，来验证得到的观点或结论。先访谈（定性）后问卷（定量）的目的在于先探索用户群中可能存在的特征，然后再验证这些不同特征的普遍性，即有多少群体符合这些特征。也可以先问卷（定量）后访谈（定性），这样做的目的在于先对用户群的特征有个大致的分类和描述，然后再聚焦需要研究的用户群并进行深入挖掘。

4）访谈执行

访谈的方式一般分为电话访谈和现场访谈两种方式。不管是哪种访谈方式，访谈的时间都不宜过长，以免让用户产生疲惫和抵触情绪。

在访谈过程中，采访者尽可能地记录用户表达的信息，并按照访谈提纲编排。在访谈时，用户可能还会有发散性，我们也要尽可能地记录下来。除了文字记录，采访有时还需要录制访谈声音。

5）访谈后的归纳总结

访谈结束后，采访者需要及时对访谈内容进行转录并整理，所谓转录就是指将口头语言转化为书面语言。转录方便采访者日后回顾，也沉淀了文档并供后续相关人员参考，及时整理一方面可以将记忆输出最大化，并输出访谈研究报告。

（2）问卷调查

访谈法进行定性研究之后，我们还要采用调查问卷的方式定量研究题目。

用户访谈的提纲通常是开放式的问题，就是通过一组开放式的问题，引导用户说出需求，而调查问卷，则是一组封闭性问题，是给出一定的选项，让用户选择的方式。

设计一份实际的问卷，我们首先需要定位样本对象、调查渠道、时间周期，然后再设计问卷的内容。

对于"基于物联网的共享洗衣机"项目来说，有以下内容。

样本对象：在校大学生。

调查渠道：校园论坛、班级 QQ、微信群、线下渠道。

时间周期：1 个月。

我们针对大学生用户进行问卷设计，问卷的开始要告诉用户调研的目的、问卷所需时长及问候语。

亲爱的同学，您好！为了更好地了解大家对共享洗衣机的需求，更好地为大家提供贴心优质的服务，希望大家协助完成这份调查问卷，大约需要占用您5分钟，非常感谢！

首先，提一些简单的问题：

◎ 您是男生还是女生？ 男生（ ） 女生（ ）

◎ 您认为学校应该在宿舍安装洗衣机吗？ 应该（ ） 不应该（ ）

◎ 您是从哪里得知这份调查问卷的？

◎ 校园论坛（ ）班级QQ（ ）微信群（ ）线下渠道（ ）

其次，提一些与项目关联度较大的问题：

◎ 您使用过共享洗衣机吗？用过（ ） 没用过（ ）

◎ 您经常手洗衣服吗？经常（ ） 不经常（ ）

◎ 您将衣服送去洗衣店吗？经常（ ） 不经常（ ）

◎ 您觉得洗衣店价格贵吗？ 贵（ ） 适中（ ） 不贵（ ）

◎ 您会用洗衣机做什么？漂洗、脱水、烘干（ ） 漂洗、脱水（ ）脱水（ ）

◎ 您觉得自动洗衣机一桶收多少钱合理？ 5元（ ） 4元（ ） 3元（ ）

◎ 您觉得洗衣机每桶洗多久合理？ 40分钟（ ） 30分钟（ ） 20分钟（ ）

◎ 您多久洗一次被单？ 2周（ ）1个月（ ） 2个月（ ）拿回家洗（ ）

◎ 您对共享洗衣机的担忧有哪些？可以多选。卫生（ ）价格（ ）安全性（ ）

◎ 您希望共享洗衣机放置在哪里？ 每个宿舍（ ） 一栋宿舍公共区域（ ）

◎ 您分类清洗衣服吗？ 是（ ） 否（ ）

最后，再多了解一些信息：

◎ 您是哪个年级的学生？大一（ ）大二（ ）大三（ ）大四（ ）

◎ 您的专业是？_____

◎ 您还希望共享洗衣机为您提供哪些服务？ _____

3. 用户画像

从任务一可知，用户画像可以理解为海量数据的标签，根据用户的目标、行为和观点的差异，将他们分为不同的类型，然后从每种类型中抽取出典型特征，并赋予名字、照片、人口统计学要素、场景等描述，最终形成一个人物原型，如图2-31所示。

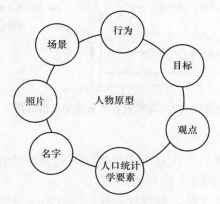

图2-31 人物原型

高校学生用户画像见表2-3。

表2-3　高校学生用户画像

基本信息	小李，男，95后，大二学生
特征	不想手洗衣服
学历	本科
爱好	爱运动、爱网购
性格	活泼、不爱做家务
需求	洗衣机应能洗涤、漂洗、甩干，偶尔可以烘干、预约、提醒
互联网使用情况	经常使用互联网，使用智能手机网购、定外卖，常采用支付宝、微信等支付方式
用户目标	用共享洗衣机清洗衣服非常省事
商业目标	用户付费使用共享洗衣机，商家获取收益。商家获取大量的注册用户，有针对性地推荐其他商品和服务

【做一做】

请自行分析"都市租客""工厂蓝领"这两类目标用户群体的用户画像。

4. 功能需求总体描述

"共享洗衣机"的总体目标是基于物联网技术进行网络构建的，是通过物联网云平台进行设备管理的，用户通过移动端App，能完成快速搜索空闲洗衣机、预约、选择洗衣模式、在线付款、报修等业务。

共享洗衣机系统的顶层流程如图2-32所示。

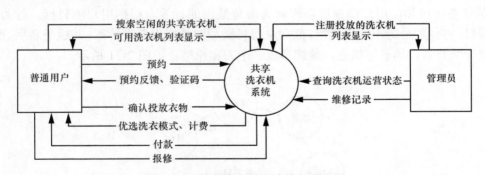

图2-32　共享洗衣机系统的顶层流程

从普通用户的角度出发。

搜索：普通用户通过移动端App可以搜索空闲的共享洗衣机，系统根据用户所处的位置，向用户返回距离最近的洗衣机列表。

预约：用户选择单个洗衣机，并进行预约，洗衣机会反馈预约结果，并将洗衣验证码发送到用户手机上。

投放与验证：用户根据系统提供的地址找到预约的洗衣机，并投放衣服，输入洗衣验证码进行验证。

洗衣模式与计费：智能洗衣机通过物联网技术，对衣服的重量、材质进行识别，推荐洗衣的模式并计费。

付款：用户付款后，洗衣机会按照洗衣模式，选择洗衣液种类，并投放适量的洗衣液。

提示：从预约到最后洗衣完成的全过程，系统会发送相应的提示内容到用户的移动终端。

报修：用户发现洗衣机不工作或者出现其他问题时，可及时报修。

从管理员的角度出发。

注册洗衣机：将洗衣机放置到规划好的区域，并在系统里进行注册。

监控：监控洗衣机的运营状况。

维修：收到报修后，进行现场维修与调试，最后进行系统维修记录。

由上述数据流程图和系统主要业务功能可得到系统的总体业务用例情况如下。

普通用户具有：搜索、预约、投放与验证、洗衣模式与计费、付款、提示、报修等操作。管理员具有：维护（洗衣机的查询、注册、删除、信息修订等功能）、监控、维修等操作。此外，普通用户还应该具有注册、登录功能，管理员还应该具有用户管理功能。系统功能需求总体用例如图2-33所示。

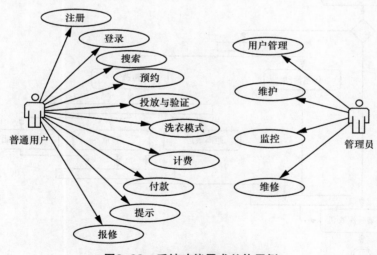

图2-33 系统功能需求总体用例

下面对其中几个具有代表性的功能进行进一步的需求分析。

5. 功能需求描述

我们以搜索功能为例，进行需求描述。

搜索功能的拥有者是普通用户，当用户单击"搜索"按钮时，系统会进行智能推荐，返回空闲的共享洗衣机的结果列表。共享的智能洗衣机来自不同的厂家，有些厂家为了推广，会定期进行优惠活动，用户可以选择有优惠活动的共享洗衣机。用户还可以通过筛选功能定向地筛选洗衣机，如图 2-34 所示。

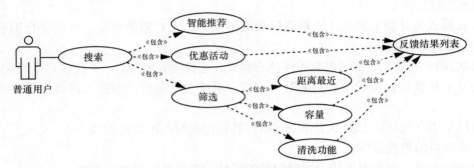

图2-34　搜索共享洗衣机用例

我们根据上面的描述，绘制该功能的活动流程，如图 2-35 所示。

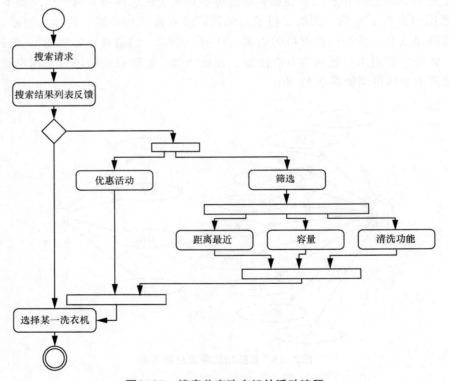

图2-35　搜索共享洗衣机的活动流程

【做一做】

　　请参照搜索功能，完成预约、洗衣模式、提示、报修、用户管理、维护、监控、维修等功能的需求描述。

2.2.3　项目总体设计

1. 系统网络结构设计

系统的网络结构分为感知层、网络层、应用层，如图 2-36 所示。

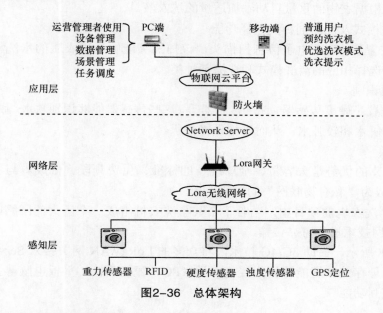

图2-36　总体架构

我们将在 2.2.4 节中讲解该三层的主要技术方案。

2. 系统模块结构

系统模块结构如图 2-37 所示。

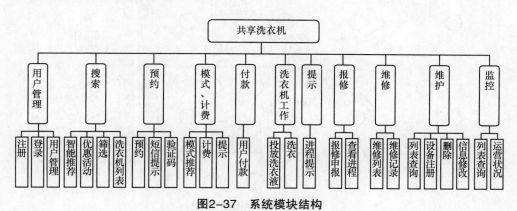

图2-37　系统模块结构

2.2.4　感知层、网络层、应用层的技术方案选型

1. 感知层

感知层选择什么样的技术，或者说选择什么样的传感器，都需要根据项目的实际情

况而定。

共享洗衣机项目是基于物联网技术的，共享洗衣机的感知层模块包含以下子功能模块。

（1）洗涤剂自动投放功能

洗衣机台面设置了洗涤剂投放口，管理员事先将洗涤剂添加其中。洗衣机内置重力传感器，它会根据衣物的重量自动添加适量的洗衣液。

（2）清洗模式及洗涤剂种类选择功能

洗衣机安置了 RFID 电子信息扫描头，该扫描头能够通过衣服的水洗标，识别衣物的材质，进而选择相应的清洗模式和洗涤剂种类。

（3）水质识别

洗衣机安置了硬度传感器、浊度传感器等，这些传感器能够识别软水、硬水和普通水，以及干净水、脏水和较脏水，从而进行预警提示。

2. 网络层

LoRaWAN 的优势是大容量、全球统一的标准、免费频段、低成本与灵活性，它和 Wi Fi 一样，成为"私有物联网"的首要选择。

回到共享洗衣机的项目中，当若干个共享洗衣机组成一个巨大的网络时，我们可选用 LoRa 物联网技术进行可靠传输。

如图 2-38 所示，借助 3G/4G 技术，将众多的 LoRaWAN 网关接入 Server；Customer Server 提供海量存储和智能计算为授权终端（PC、智能手机、平板电脑等）提供便捷的数据访问和交互功能。

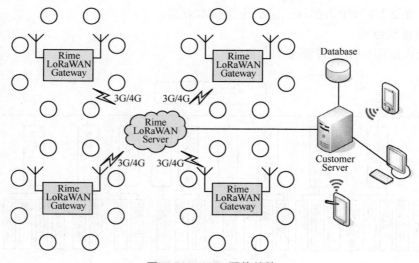

图2-38　LoRa网络结构

3. 应用层

这里说的应用即软件，它是服务于人的，是为用户提供良好体验的交互窗口。作为一个物联网应用，其和互联网应用是息息相关的。物联网的核心和基础仍然是互联网，它是在互联网基础上延伸和扩展的网络。它的用户端延伸和扩展到了任何物品与物品之间，这些物品之间能进行信息交换和通信，也就是物物相连，可以说物联网应用是互联网的应用拓展。因此物联网应用的设计与实现完全可以参考当下相对成熟的互联网软件的设计思想和技术。

软件采用 B/S 结构（Browser/Server，浏览器 / 服务器模式）的 Web 应用分为 Web 管理端和移动 App 使用端，它们共同依赖后端服务器的支撑与支持。我们可以采用互联网软件系统的 MVC（Model/View/Controller，模型 / 视图 / 控制器）设计模式进行系统架构的设计。由于物联网项目要求设备通信实时性强、稳定并且占于设备内存资源少、网络带宽有限等特点，需要采用专门的通信方式，MQTT 协议就是针对物联网的一种轻量级通信协议，该协议可以为连接远程设备提供实时可靠的消息服务。因此我们可以采用 MQTT 协议作为设备通信方式。针对物联网数据庞大的特点，传统的关系型数据库存储方式显然不能满足大数据的要求，NoSQL 及各类新型数据库应运而生，MongoDB 就是其中比较优秀的代表，它可以支持海量的数据存储，并且进行大数据处理。我们利用 MongoDB 作为设备数据存储的方式。

2.2.5 任务回顾

知识点总结

1. 物联网项目概述可以从项目名称、使用场景、服务、技术背景等要素进行描述。
2. 目标用户群体分析。
3. 访谈法进行用需求收集的流程。
4. 问卷调查方法的使用。
5. 用户用例的概念及应用。
6. 物联网项目总体设计架构图的绘制及感知层、网络层、应用层的技术方案选型。

学习足迹

任务二学习足迹如图 2-39 所示。

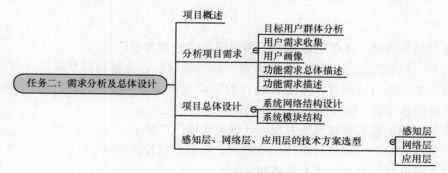

图2-39 任务二学习足迹

1. 假设公司需要开发一个智能灯控系统，请根据实际情况进行目标用户群体分析、采用访谈法与问卷调查方法进行需求收集，设计访谈提纲、调查问卷。

2. 假设公司需要开发一个智能灯控系统，请采用用例进行需求分析。

2.3 项目总结

本项目为物联网方案的设计与实现打下了坚实的基础，通过本项目的学习，我们熟悉了物联网方案的开发流程、掌握了需求分析的方法及流程，进一步熟悉了物联网感知层、网络层、应用层的关键技术。

图 2-40 为项目总结，通过本项目的学习，学生提高了对物联网方案开发流程的认知，提升了项目需求分析能力。

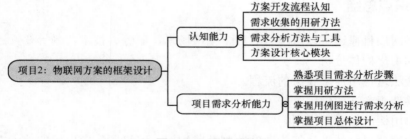

图2-40 项目总结

2.4 拓展训练

自主分析与设计：基于物联网的图书管理系统的方案设计

我们基于物联网关键技术进行图书管理系统的设计，分析物联网发展现状及体系结构，以及图书管理行业现状，并进行项目的需求分析、总体设计、并对物联网技术在图书管理系统的感知层、网络层及应用层的应用进行概述。

基于物联网的图书管理系统方案设计需包含以下内容：

- 物联网行业发展现状及整体体系结构、图书管理行业现状；
- 基于物联网的图书管理系统概述；
- 基于物联网的图书管理系统的需求分析；

- 基于物联网的图书管理系统的总体架构设计，建议基于 RFID 技术进行系统设计；
- 物联网关键技术在该系统的感知层、网络层、应用层的应用概述，主要涉及架构设计、关键技术选型等，暂不需要进行详细设计。
  - ◆ **格式要求**：撰写 Word 版本的方案设计，并采用 PPT 方法进行概括讲解。
  - ◆ **考核方式**：提交方案设计，并采取课内发言，时间要求 5~8 分钟。
  - ◆ **评估标准**：见表 2-4。

表2-4 拓展训练评估标准表

项目名称： 基于物联网的图书管理系统方案设计	项目承接人： 姓名：	日期：
项目要求	**评价标准**	**得分情况**
物联网行业发展现状及整体体系结构、图书管理行业现状（10分）	① 物联网行业发展现状及整体体系结构认识深刻、正确（5分）； ② 图书管理行业现状分析符合事实、分析有逻辑、合理（5分）	
基于物联网的图书管理系统概述（5分）	物联网行业发展现状及整体体系结构认识深刻、正确（5分）	
基于物联网的图书管理系统需求分析（30分）	① 用户需求收集汇总（10分）； ② 目标群体定位（5分）； ③ 需求分析（15分）	
基于物联网的图书管理系统的总体架构设计（20分）	① 总体架构图（5分）； ② 网络拓扑（10分）； ③ 架构分析（5分）	
物联网关键技术在该系统的感知层、网络层、应用层的应用概述（15分）	① 传感层关键技术阐述合理（5分）； ② 网络层关键技术阐述合理（5分）； ③ 应用层关键技术阐述合理（5分）	
综合素质、文档输出、小组协作（20分）	① 发言人语言简洁、严谨；言行举止大方得体；说话有感染力，能深入浅出；团队分工明确、协作有效（10分）； ② 输出的文档规范、目录架构清晰、逻辑清晰（10分）	
评价人	**评价说明**	**备注**
个人		
老师		

项目 3

物联网感知层设计

项目引入

前面项目经理 Philip 和需求分析师 Raby 已经对方案的需求与整体设计有了全面的规划。剩下的就是我对于每个物联网层次的整体设计了。物联网整体架构可以分为感知层，网络层以及应用层。感知层是物联网的基础，它是感知周围事物获取信息的关键。物联网就如同我们的身体，感知层就如同我们的五官以及四肢。我们可以通过"视觉、听觉、味觉、触觉、嗅觉"获取周围的信息。

感知层既然是物联网的基础部分，那么我们应该如何设计呢？关于这方面我咨询了智能硬件开发工程师 Hale，从他那里我总结了以下几点。

① 感知层的设计之初，要对感知层的技术有所了解。

② 感知层主要是由硬件支撑的，因此我们要对智能设备以及传感器有一些了解。

③ 仔细阅读感知层设计方面的文档，积累感知层设计的经验。

知识图谱

知识图谱如图 3-1 所示。

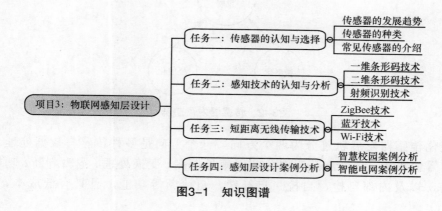

图3-1 知识图谱

3.1　任务一：传感器的认知与选择

【任务描述】

物联网要实现感知，就离不开物联网终端，物联网终端包含传感器、笔记本电脑、计算机、手机等。各种类型的传感器成为物联网数据的基本感知单元，且具有举足轻重的作用。传感器被列为与通信技术和计算机技术同等重要的位置，已成为信息技术的三大支柱之一。传感器将物理世界中需要感知的物理参数由模拟量转化成数字量，并将数字量由物联网网络层传输到应用层，最终为终端用户服务。传感器采集的数据对象非常广泛，传感器类型也有几千种。传感器技术已经从传统的工业领域逐渐扩大到社会各个层面，从人们的日常生活到办公自动化，从传统的机电产品到信息电子领域，从企业生产到国防现代化建设，从产品质量管控到重大科技发展和科技现代化都离不开它。我们设计物联网感知层的同时，选择正确的传感器是很有必要的。下面我们就来介绍一下传感器。

3.1.1　传感器的发展趋势

近年来，传感器技术的新原理、新材料和新技术的研究更加深入、广泛，新品种、新结构、新应用不断涌现，并不断改变着传感器的发展方向。现代传感器正向着智能化、可移动化、微型化、集成化及多样化方向发展，如图 3-2 所示。

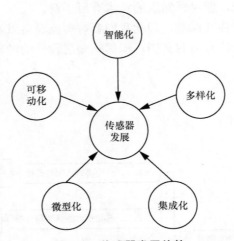

图3-2　传感器发展趋势

智能化传感器发展轨迹分为两个方向，一个方向是多种传感与数据处理、存储、双向通信等的集成，它可全部或部分实现信号探测、变换处理、逻辑判断、功能计算、双向通信，以及内部自检、自校、自补偿、自诊断等功能，且具有低成本、高精度的信息采集、存储数据和通信、编程自动化和功能多样化等特点；另一个方向是软传感技术，即智能传感器与人工智能相结合，目前已出现各种基于模糊推理、人工神经网络、专家系统等人工智能技术的智能传感器，并已经在智能家居等领域得到应用。

可移动化传感器在无线传感网技术应用中加快发展。无线传感网技术的关键是克服节点资源限制，并满足传感器网络对扩展性、容错性等的要求。目前研发重点主要集中在路由协议的设计、定位技术、时间同步技术、数据融合技术、嵌入式操作系统技术、网络安全技术、能量采集技术等方面。迄今，一些国家及城市在智能家居、精准农业、林业监测、军事、智慧建筑、智慧交通等领域广泛应用了传感器技术。

微型化，随着集成微电子机械加工技术的日趋成熟，MEMS 传感器将半导体加工工艺引入到传感器的生产制造中，实现了传感器的规模化生产，并为传感器微型化发展提供了重要的技术支撑。近年来，一些国家和地区在半导体器件、微系统及微观结构、速度测量、微系统加工方法 / 设备、麦克风 / 扬声器、水平 / 测距 / 陀螺仪、光刻制版工艺和材料性质的测定 / 分析等技术领域取得了重大进展。目前，MEMS 传感器技术研发主要有以下几个方向：微型化的同时降低功耗；提高精度；实现MEMS 传感器的集成化及智慧化；研发出与光学、生物学等技术领域交叉融合的新型传感器。

集成化，多功能一体化的传感器受到广泛关注。传感器集成化包括两种：一种是同类型多个传感器的集成，即同一功能的多个传感元件用集成工艺在同一平面上排列，组成线性传感器 (如 CCD 图像传感器)。另一种是多功能一体化，即将几种不同的敏感元器件制作在同一硅片上，制成集成化多功能传感器，该传感器集成度高、体积小、容易实现补偿和校正，是当前传感器集成化发展的主要方向。

多样化，新材料技术的突破加快了各种新型传感器的涌现。新型敏感材料是传感器的技术基础，材料技术研发是提升性能、降低成本和技术升级的重要手段。除了传统的半导体材料、光导纤维等，有机敏感材料、陶瓷材料、超导、纳米和生物材料等成为研发热点，它们加快了生物传感器、光纤传感器、气敏传感器、数字传感器等新型传感器的不断涌现。光纤传感器是利用光纤本身的敏感功能或利用光纤传输光波的传感器，其有灵敏度高、抗电磁干扰能力强、耐腐蚀、绝缘性好、体积小、耗电少等特点，目前已应用的光纤传感器可测量的物理量达 70 多种，发展前景广阔；气敏传感器能将被测气体浓度转换为与其成一定关系的电量输出，其具有稳定性好、重复性好、动态特性好、响应迅速快、使用维护方便等特点，应用领域非常广泛。

3.1.2 传感器的种类

传感器有许多分类方法，但常用的分类方法有两种，一种是按被测物理量来分，常见的有温度传感器、湿度传感器、压力传感器、位移传感器、流量传感器、液位传感器、力传感器、加速度传感器、转矩传感器等；另一种是按传感器的工作原理来分，具体划分见表 3-1。

表3-1 传感器按工作原理分类

种类	应用原理	测量参数
磁电式传感器	利用铁磁物质的一些物理效应制成	位移、转矩等参数
光电式传感器	利用光电器件的光电效应和光学原理制成	光强、光通量、位移、浓度等参数
热电式传感器	利用热电效应、光电效应、霍尔效应等原理制成	温度、电流、速度、光强、热辐射等参数
压电传感器	利用压电效应原理	力及加速度
半导体传感器	利用半导体的压阻效应、内光电效应、磁电效应、半导体与气体接触产生物质变化等原理制成	温度、湿度、压力、加速度、磁场和有害气体参数
谐振式传感器	利用改变电或机械的固有参数来改变谐振频率的原理制成	主要用来测量压力，测量转矩、密度、加速度和温度
电化学式传感器	以离子导电为基础制成，根据其电特性的形成不同，电化学传感器可分为电位式传感器、电导式传感器、电量式传感器、极谱式传感器和电解式传感器等	分析气体、液体或溶于液体的固体成分、液体的酸碱度、电导率及氧化还原电位等参数

1. 磁电式传感器

磁电式传感器利用电磁感应原理，将输入的运动速度转换成线圈中的感应电势并输出。它直接将被测物体的机械能量转换成电信号输出，工作不需要外加电源，是一种典型的有源传感器。由于这种传感器输出功率较大，因而大大地简化了配用的二次仪表电路。磁电式传感器有时也被称作电动式或感应式传感器，它只适合进行动态测量，主要用于位移、转矩等参数的测量。由于它有较大的输出功率，故配用电路较简单；零位及性能稳定。

2. 光电式传感器

光电式传感器是基于光电效应的传感器，在受到可见光照射后即产生光电效应，并将光信号转换成电信号输出。它除了能测量光强之外，还能利用光线的透射、遮挡、反射、干涉等测量多种物理量，如尺寸、位移、速度、温度等，因而是一种应用极广泛的重要敏感器件。光电测量时不与被测对象直接接触，光束的质量又近似为零，在测量中不存在摩擦且几乎给被测对象施加压力。因此在许多应用场合中，光电式传感器比其他传感器有明显的优越性。其缺点是在某些应用方面，光学器件和电子器件价格较贵，并且对测量的环境条件要求较高。

3. 热电式传感器

热电式传感器是将温度变化转换为电量变化的装置。它是利用某些材料或元件的性能随温度变化的特性来进行测量的。它主要用于温度、磁通、电流、速度、光强、热辐射等参数的测量。

4. 压电传感器

压电传感器是利用某些电介质受力后产生的压电效应制成的传感器。所谓压电效应是指某些电介质在受到某一方向的外力作用而发生形变（包括弯曲和伸缩形变）时，由于内部电荷的极化现象，会在其表面产生电荷。其主要用于力及加速度的测量。

5. 半导体传感器

半导体传感器是利用半导体材料的各种物理、化学和生物学特性制成的传感器。半导体传感器是一种新型半导体器件，它能够实现电、光、温度、声、位移、压力等物理量之间的相互转换，并且易于实现集成化、多功能化，更适合于计算机的要求，所以被广泛应用于自动化检测系统中。其主要用于温度、湿度、压力、加速度、磁场和有害气体的测量。

6. 谐振式传感器

谐振式传感器是利用谐振元件把被测量转换为频率信号的传感器，又称频率式传感器。当被测参量发生变化时，振动元件的固有振动频率随之改变，通过相应的测量电路，就可得到与被测参量成一定关系的电信号。其优点是体积小、重量轻、结构紧凑、分辨率高、精度高以及便于数据传输、处理和存储等。谐振式传感器主要用于测量压力，也用于测量转矩、密度、加速度和温度等。

7. 电化学式传感器

电化学式传感器是以离子导电为基础制成的，根据其电特性的形成不同，电化学传感器可分为电位式传感器、电导式传感器、电量式传感器、极谱式传感器和电解式传感器等。电化学式传感器主要用于分析气体、液体或溶于液体的固体成分、液体的酸碱度、电导率及氧化还原电位等参数的测量。

3.1.3　常见传感器的介绍

1. 温度传感器

温度传感器（Temperature Transducer）是指能感受温度并将其转换成电流信号的传感器。

众所周知，温度是度量物体冷热程度的物理量，是状态量和过程量的重要参数。温度的测量方法一般分为两种，一种是接触式；另一种是非接触式。

① 接触式温度传感器的检测部分与被测对象有良好的接触，又称温度计。如图 3-3 所示。

图3-3　接触式传感器

温度计通过传导或对流达到热平衡，这时温度计的示值能直接表示被测对象的温度，一般测量精度较高。在一定的测温范围内，温度计也可测量物体内部的温度分布。

但对于运动体、小目标或热容量很小的对象则会产生较大的测量误差，常用的温度计有双金属温度计、玻璃液体温度计、压力式温度计、电阻温度计、热敏电阻和温差电偶等。

②非接触式温度传感器的敏感元件与被测对象互不接触，又称非接触式测温仪表。如图3-4所示。

图3-4 非接触式温度传感器

这种仪表可用来测量运动物体、小目标和热容量小或温度变化迅速（瞬变）的对象的表面温度，也可用于测量温度场的温度分布。最常用的非接触式测温仪表是基于黑体辐射的基本定律，被称为辐射测温仪表。辐射测温法包括亮度法、辐射法和比色法。各类辐射测温方法只能测出对应的光度温度、辐射温度或比色温度。

非接触式温度传感器的特点是测量上限不受感温元件耐温程度的限制，因而对最高可测温度原则上没有限制。对于1800℃以上的物体，我们主要采用非接触测温方法。随着红外技术的发展，辐射测温逐渐由可见光向红外线扩展，700℃以下直至常温都已采用辐射测温，且它的分辨率很高。

温度传感器按照材料以及电子元件特性可以分为热电偶以及热电阻两类传感器。我们对这两类传感器中的热电偶、热敏电阻以及红外测温仪3种传感器分别进行介绍。

（1）热电偶

热电偶是温度测量中最常用的温度传感器。其工作原理是两种不同的导体和半导体A、B组成一个回路，其两端相互连接，当两结点处的温度不同时，一端温度为T_1，T_1被称为工作端或热端，另一端温度为T_0，T_0被称为自由端或冷端，则回路中就有电流产生，即回路中存在的电动势称为热电动势，如图3-5所示。

图3-5 热电偶工作原理

热电偶是工业上常用的接触式温度检测元件之一，其有以下优点。

● 测量精度较高，且热电偶直接与被测对象接触，不受中间介质的影响。

● 测量范围广。常用的热电偶从 –50℃ ~1600℃均可连续测量，某些特殊热电偶最低可以测量到 –269℃（如金铁镍铬），最高可达 2800℃（如钨—铼）。

● 构造简单，使用方便。热电偶通常是由两种不同的金属丝组成的，而且不受大小和开头的限制，外有保护套管，用起来非常方便。

【想一想】

根据上述对热电偶的描述，现实生活中，哪些传感器用到了热电偶原理？

（2）热敏电阻

热敏电阻是用半导体材料制成的，大多为负温度系数，即阻值随温度增加而降低。温度变化会造成其阻值改变，因此它是最灵敏的温度传感器。但热敏电阻的线性度极差，并且与生产工艺有很大关系，制造商没有标准化的热敏电阻曲线。

热敏电阻体积非常小，对温度变化的响应也快。能很快稳定，不会造成热负载。但它很不结实，当电流大时会造成自热。因此要使用小的电流源。如果热敏电阻暴露在高热中，将导致永久性的损坏。

（3）红外测温仪

近 20 年来，非接触红外人体测温仪在技术上得到迅速发展，性能不断完善，功能不断增强，品种不断增多，适用范围也不断扩大。红外测温的优点为响应时间快、非接触、使用安全及使用寿命长等。非接触红外测温仪包括便携式、在线式和扫描式三大系列，并备有各种选件和计算机软件，每一系列中又有各种型号及规格。不同种类的红外测温仪外观虽然不同，但是内部结构基本一样，图 3-6 所示为红外测温仪的内部构造。

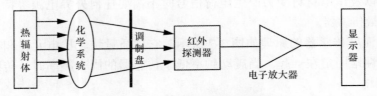

图3-6　红外测温仪的内部构造

红外测温仪的内部结构基本是由光学系统、调制盘、红外探测器、电子放大器及图像显示器组成。红外测温仪是把测试物所发射出的红外辐射能量通过光学信号转换成电信号，并将其聚焦到红外探测器上，然后通过电子放大器的放大处理，最终温度值会出现在图片显示器上。

红外测温不直接与被测物接触，不会改变被测物温度场的分布，也不受工作介质的影响，不必与被测对象达到热平衡，因此特别适合非接触测量。红外热成像是将一定距离的被测物体所发出的红外辐射经过光学系统后，由红外传感器接收，在经信号处理系统转变成为热图像的一种技术，它将物体的热分布转换为可视图像，可在显示器上以灰度级或伪色彩显示，从而得到被测目标的温度场分布图。

选择红外测温仪可分为以下 3 个方面。

① 性能指标方面，如温度范围、光斑尺寸、工作波长、测量精度、窗口、显示和输出、响应时间、保护附件等。

② 环境和工作条件方面，如环境温度、窗口、显示和输出、保护附件等。

③ 其他选择方面，如使用方便、维修和校准性能以及价格等，也对测温仪的选择产生一定的影响。

随着技术的不断发展，红外测温仪最佳设计和新进展为用户提供了各种功能和多用途的仪器，扩大了选择余地。在选择测温仪型号时应首先确定测量要求，如被测目标温度、被测目标大小、测量距离、被测目标材料、目标所处环境、响应速度、测量精度、便携式还是在线式等。

2. 加速度传感器

加速度传感器主要利用压电敏感元件的压电效应得到与振动或者压力成正比的电荷量或者电压量原理制成的传感器。

加速度传感器是一种能够测量加速度的传感器。通常由质量块、阻尼器、弹性元件、敏感元件和适调电路等部分组成。传感器在加速过程中，通过对质量块所受惯性力的测量，利用牛顿第二定律获得加速度值。根据传感器敏感元件的不同，我们常见的加速度传感器包括电容式、电感式、应变式、压阻式、压电式等。

（1）压电式加速度传感器

压电式加速度传感器又被称为压电加速度计。它也属于惯性式传感器。压电式加速度传感器的原理是利用压电陶瓷或石英晶体的压电效应，在加速度计受振时，质量块加在压电元件上的力也随之变化。当被测振动频率远低于加速度计的固有频率时，则力的变化与被测加速度成正比。压电式加速度传感器具有动态范围大、频率范围宽、坚固耐用、受外界干扰小以及压电材料受力产生电荷信号时不需要任何外界电源等特点，是被广泛使用的震动测量传感器。

压电式加速度传感器的原理如图 3-7 所示，它由质量块、压电元件和支座组成、支座与待测物刚性地固定在一起。当震动频率低于传感器的固有频率时，传感器的输出电压与作用成正比。

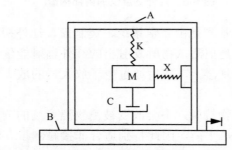

A—外壳；B—基座；C—压电式加速度传感器；M—质量块；K、X—弹簧

图3-7 压电式加速度传感器原理

加速度计的使用上限频率取决于幅频曲线中的共振频率。一般小阻尼 ($z \leq 0.1$) 的加速度计，上限频率若取共振频率的 1/3，便可保证幅值误差低于 1dB（即 12%）；若取共振频率的 1/5，则可保证幅值误差小于 0.5dB（即 6%），相移小于 3°。但共振频率与加速度计的固定状况有关，加速度计出厂时给出的幅频曲线是在刚性连接的固定情况下得到的。实际使用的固定方法往往难于达到刚性连接，因而共振频率和使用上限频率都会有所下降，如图 3-8 所示。

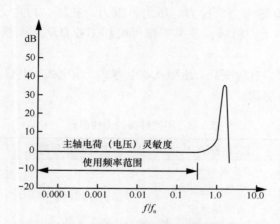

图3-8 压电式加速度传感器的频率特性曲线

（2）电容式加速度传感器

电容式加速度传感器是基于电容原理制造的极距变化型的电容传感器。电容式加速度传感器 / 电容式加速度计是比较通用的加速度传感器，在某些领域无可替代，如安全气囊、手机移动设备等。电容式加速度传感器 / 电容式加速度计采用了微机电系统（MEMS）工艺，在大量生产时价格便宜，从而保证了较低的成本。

电容式加速度传感器具有精度高、输出稳定、温度漂移小等特点。按照外部加速度引起电容的改变方式，电容加速度传感器可分为差分变间距式和变面积式两类，差动电容加速度传感器的原理如图 3-9 所示。

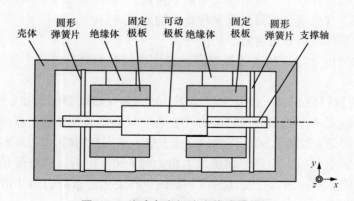

图3-9 差动电容加速度传感器原理

变电容式加速度传感器具有较好的低频特性且具有直流响应，与其他类型的加速度传感器相比其灵敏度高、环境适应性好，尤其是受温度的影响比较小；不足之处是信号的输入与输出呈非线性关系、量程有限、受电缆的电容影响较大；其通用性不如压电式加速度传感器，且成本也比压电式加速度传感器高得多。

3. 力传感器

力传感器是将力的物理量值转换为相关电信号的器件。力是引起物质运动变化的直接原因。力传感器能检测张力、拉力、压力、重力、扭矩、内应力和应变力等力学量。力传感器在动力设备、工程机械、各类工作母机和工业自动化系统中，成为不可缺少的核心部件。

力传感器种类繁多，有应变式、压阻式、电容式、压电式、电感式、谐振式等。表 3-2 列出了不同种类的力传感器。

表3-2 不同种类的力传感器

力传感器分类	名称	力传感器分类	名称
应变式	金属应变片 半导体应变片 测量薄片 陶瓷金属	压电式	压电石英 压电陶瓷 高分子压电
压阻式	单晶硅 多晶硅 硅蓝宝石	电感式	变间隙型 变面积型 螺管差动
电容式	金属膜片 陶瓷电容 极片位移式 硅电容	谐振式	振弦式 振膜式 振筒式 石英晶体 硅谐振梁

力传感器在选用进程中一般需要思考以下问题。
- 设备需要，有的场合就只适宜某种特定的力传感器。
- 运用环境条件，例如需密封、防爆等。
- 传感器的精度等级。精度等级常常由弹性体结构和处理进程中是不是有线性赔偿抉择。
- 传感器的量程规划。正常使用状态下（静态测试或准静态测试，使用频率不高），传感器的量程选取要考虑被测力值，同时还要考虑辅助工装的重量（测试夹具等），传感器量程一般选取的是（被测量＋工装）×1.2~1.5 倍；动态使用时，传感器的量程一般选取大于所测力值的 3~5 倍以上；当有设备最大出力时（伺服电机、气缸等出力），需要考虑过冲力对传感器的影响，因此在选择时传感器的量程要大于过冲力的 2 倍以上。
- 传感器运用进程具有受温度影响的特性以及蠕变特性。
- 在选择之前，考虑好这些问题，将很大程度地提高所选的力传感器的使用率以及获取信息的准确性。

4. 气体传感器

气体传感器是一种将某种气体体积分数转化成对应电信号的转换器。探测头通过气体传感器对气体样品进行调理，通常包括滤除杂质和干扰气体、干燥或制冷处理仪表显示部分。一般可以检测到的气体有 H_2、HN_3、CO、CO_2、NO_x 等气体。

气体传感器是化学传感器的一大门类。从工作原理、特性分析到测量技术，从所用材料到制造工艺，从检测对象到应用领域，都可以构成独立的分类标准，衍生出一个个纷繁庞杂的分类体系，尤其在分类标准的问题上目前还没有统一，要对其进行严格的系统分类难度颇大。

检测气体的传感器类型众多，包括半导体气体传感器、电化学气体传感器、催化燃烧式气体传感器、热导式气体传感器、红外线气体传感器、固体电解质气体传感器等，详细见表3-3。

表3-3　检测气体的传感器类型及用途

气体传感器类型	用途
半导体式	主要用于检测还原性气体、城市排放气体、丙烷气体等
电化学式	主要用于检测CO_2、H_2、SO_2
催化燃烧式	主要用于检测燃烧气体
热导式	主要用于与空气热传导率不同的气体，CO_2等
红外线式	主要用于检测CO、CO_2、NO_x等
固体电解质式	主要应用于钢水中氧的测定和发动机空燃比成分测量等

气体传感器的选择很重要，在不同的环境中使用不同的气体传感器，这将大大提高传感器的使用寿命以及设备对于气体信息的准确性。我们在选取设备中要注意以下几点。

（1）测量对象与测量环境

根据测量对象与测量环境确定传感器的类型。我们首先要考虑采用何种原理的传感器，这需要分析多方面的因素之后才能确定。因为，即使是测量同一物理量，也有多种原理的传感器可供选用，所以我们还需要根据被测量的特点和传感器的使用条件考虑以下一些具体问题，如量程的大小，被测位置对传感器体积的要求，测量方式为接触式还是非接触式，信号的引出方法，传感器的来源，价格能否承受。在考虑好上述问题之后就能确定选用何种类型的传感器，然后再考虑传感器的具体性能指标。

（2）灵敏度

在传感器的线性范围内，我们希望传感器的灵敏度越高越好。因为只有灵敏度高时，与被测量变化对应的输出信号的值才比较大，有利于信号处理。但要注意的是，传感器的灵敏度越高，与被测量无关的外界噪声也越容易混入，也会被放大系统放大，影响测量精度。因此，要求传感器本身应具有较高的信噪比，尽量减少从外界引入的干扰信号。传感器的灵敏度是有方向性的。当被测量量是单向量时，且对其方向性要求较高，我们则应选择其他方向灵敏度小的传感器；如果被测量量是多维向量，则要求传感器的交叉灵敏度越小越好。

（3）响应特性（反应时间）

传感器的频率响应特性决定了被测量的频率范围，其必须在允许频率范围内保持不失真的测量条件，实际上传感器的响应总有一定延迟，但希望延迟时间越短越好。传感器的频率响应越高，可测的信号频率范围就越广，同时由于受到结构特性的影响，机械系统的惯性较大，因此频率低的传感器可测信号。在动态测量中，应根据信号的特点（稳态、瞬态、随机等）响应特性，以免产生过大的误差。

（4）线性范围

传感器的线性范围是指输出与输入成正比的范围。从理论上讲，在此范围内，灵敏度保持定值。传感器的线性范围越广，其量程越大，可保证一定的测量精度。在选择传感器时，当传感器的种类确定以后我们还要看其量程是否满足要求。但实际上，任何传感器都不能保证绝对的线性，其线性度也是相对的。当所要求测量精度比较低时，在一定的范围内，可将非线性误差较小的传感器近似看作线性的，这会给测量带来极大的方便。

（5）对于有害气体测量选择

气体传感器检测有害气体有两个目的：第一是测爆，第二是测毒。所谓测爆是检测危险场所可燃气体含量，以避免爆炸事故的发生；测毒是检测危险场所有毒气体含量，以避免工作人员中毒。

有害气体一般有三种：第一种是无毒或低毒可燃气体，第二种是不燃有毒气体，第三种是可燃有毒气体。针对这三种不同的情况，首先我们需要选择不同的气体传感器，例如测爆选择可燃气体检测报警仪，测毒选择有毒气体检测报警仪等；其次我们需要选择气体传感器的类型，一般有固定式和便携式，针对生产或贮存岗位长期运行的泄漏检测选用固定式气体传感器，而针对检修检测、应急检测、进入检测和巡回检测等选用便携式气体传感器。

5. MEMS 传感器

MEMS（微机电系统）是在微电子技术基础上发展起来的多学科交叉的前沿研究领域，经过几十年的发展，它已成为世界瞩目的科技领域之一。它涉及电子、机械、材料、物理学、化学、生物学、医学等多种学科与技术，具有广阔的应用前景。全世界有大约600 家单位从事 MEMS 的研制和生产工作，已研制出包括微型压力传感器、加速度传感器、微喷墨打印头、数字微镜显示器在内的几百种产品，其中 MEMS 传感器占相当大的比例。MEMS 传感器是采用微电子技术和微机械加工技术制造出来的新型传感器。与传统的传感器相比，它具有体积小、重量轻、成本低、功耗低、可靠性高、适于批量化生产、易于集成和智能化的特点。同时，在微米量级的特征尺寸方面，它可以实现某些传统机械传感器所不能实现的功能。

计算能力的增强使得设计具有创造性的用户接口成为可能，例如触摸屏屏幕和屏幕旋转工具，这促进了 MEMS 应用的发展。突破性的技术实现商业化，实现从学术原型到大规模生产要经历很长一段时间，表 3-4 是不同类型的 MEMS 器件商业化的周期。

表3-4 MEMS商业化时间表

产品	发现（年）	产品改进（年）	成本下降（年）	全面商业化（年）	花费时间（年）
压力传感器	1954—1960	1960—1975	1975—1990	1990	36
加速度传感器	1974—1985	1985—1990	1990—1998	1998	24
气体传感器	1986—1994	1994—1998	1998—2005	2005	29
生物/化学传感器	1980—1994	1994—2000	200—2012	2012	30
速率传感器	1982—1990	1990—1996	1996—2006	2006	22
微继电器	1977—1993	1993—1998	1998—2012	2012	32
振荡器	1965—1980	1980—1995	1995—2011	2011	46
				平均	31

随着 MEMS 传感器的发展，它被广泛应用于医疗领域、汽车电子领域、运动追踪系统领域、手机拍照领域等。

（1）应用于医疗领域

MEMS 传感器应用于无创胎心检测，由于胎儿心率很快，每分钟 120～160 次，传统的听诊器、只有放大作用的超声多普勒仪，凭人工计数很难测量准确。而具有数字显示功能的超声多普勒胎心监护仪，价格昂贵，仅为少数大医院使用，在中、小型医院及农村地区无法普及。

加速度传感器将胎儿心率转换成模拟电压信号，经前置放大器放大实现差值放大，然后进行滤波等一系列中间信号的处理，用 A/D 转换器将模拟电压信号转换成数字信号，通过光隔离器件输入到单片机进行数据分析处理，最后输出处理结果。

基于 MEMS 加速度传感器设计的胎儿心率检测仪在适当改进后能够以此为终端，做一个远程胎心监护系统。医院端的中央信号采集分析监护主机给出自动分析结果，医生对该结果进行诊断，如果有问题及时通知孕妇到医院来。该技术有利于孕妇随时检查胎儿的状况，有利于胎儿和孕妇的健康。

（2）应用于汽车电子

MEMS 压力传感器主要应用在测量气囊压力、燃油压力、发动机机油压力、进气管道压力及轮胎压力方面。这种传感器用单晶硅作材料，采用 MEMS 技术在单晶硅材料中间制作成力敏膜片，然后在膜片上扩散杂质形成四只应变电阻，再以惠斯顿电桥方式将应变电阻连接成电路，来获得高灵敏度。车用 MEMS 压力传感器有电容式、压阻式、差动变压器式、声表面波式等几种常见的形式。而 MEMS 加速度计的原理是基于牛顿的经典力学定律，通常由悬挂系统和检测质量系统组成，通过微硅质量块的偏移实现对加速度的检测，它主要用于汽车安全气囊系统、防滑系统、汽车导航系统和防盗系统等，除了有电容式、压阻式以外，MEMS 加速度计还有压电式、隧道电流型、谐振式和热电偶式等形式。其中，电容式 MEMS 加速度计具有灵敏度高、受温度影响极小等特点，是 MEMS 微加速度计中的主流产品。微陀螺仪是一种角速率传感器，它主要用于汽车导航的 GPS 信号补偿和汽车底盘控制系统，主要有振动式、转子式等几种。应用最多的振动陀螺仪，它利用单晶硅或多晶硅的振动质量块在被基座带动旋转时产生的哥氏效应来感测角速度。例如汽车在转弯时，系统通过陀螺仪测量角速度来指示方向盘的转动是否到位，主动在内侧或者外侧车轮上加上适当的制动以防止汽车脱离车道，通常，它与低加速度计一起构成主动控制系统。

【想一想】

同学们请在网上查阅，看看MEMS传感器是否还有其他领域的应用，并举例说明。

3.1.4　任务回顾

知识点总结

1. 传感器的发展趋势，智能化、可移动化、多样化、微型化以及集成化的发展方向。
2. 传感器的种类与选择，电学式传感器、光电式传感器以及光电式传感器等。
3. 常见传感器的介绍，例如：温度传感器、加速度传感器等。

学习足迹

任务一学习足迹如图3-10所示。

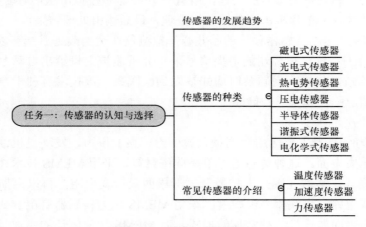

图3-10　任务一学习足迹

思考与练习

1. 温度传感器中，热电偶传感器的工作原理是怎样的呢？能够应用在哪些方面呢？
2. 简述传感器的种类有哪些？应用的优势在哪些方面呢？

3.2　任务二：感知技术的认知与分析

【任务描述】

物联网设计的技术领域比较宽泛，包括传感器技术、感知技术，通信技术等多方面的学科。其中，感知技术是物联网感知层中非常重要的技术，其中，感知技术是物联网感知层中非常重要的技术，那么物联网技术又包含哪些关键点呢？它们之间又有什么不同呢？下文介绍了感知技术的三种关键技术，让我们来看看它们的优势与不同。

3.2.1　一维条形码技术

条码最早出现在20世纪40年代，但它当时并没有被关注，直到20世纪70年代左右才得到实际的应用和发展。目前，各个国家和地区都普遍使用条码技术，而且它正在快速地向世界各地推广，其应用领域越来越广泛，并逐步渗透许多技术领域。

最早获得专利的条码是由美国乔·伍德兰德（Joe Wood Land）和伯尼·西尔沃（Berny Silver）两位工程师创建的，为了标示食品项目并自动识别相应的设备应用条码技术。该条码技术的图案很像微型射箭靶，由一组同心圆构成，被叫作"公牛眼"代码，如图3-11所示。在原理上，"公牛眼"代码与后来的条码很相近，遗憾的是当时的工艺和商品经济还没有能力印刷出这种码。

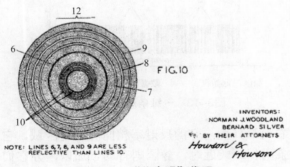

图3-11　"公牛眼"代码

【想一想】

一维条形码技术已经发展了很长的时间，那么在我们生活中，哪些地方能够经常看到一维条形码技术呢？请根据下面的介绍并结合身边的实际情况举例说明。

一维条形码是将线条与空白按照一定的编码规则组合起来的符号，用以代表一定的字母、数字等资料。在进行辨识时，条码阅读机扫描二维条形码，得到一组反射光信号，此信号经过光电转换后变为一组与线条、空白相对应的电子讯号，经解码后还原成相应的文字、数字，再传入电脑统计。一维条形码技术已经非常成熟，读取的错误率大约为百万分之一，因此，它是一种可靠性高、快速、准确性高、成本低的技术。条形码工作原理如图 3-12 所示。

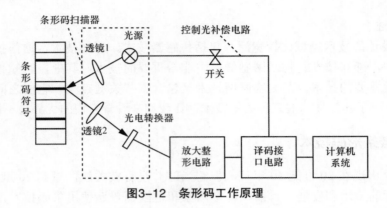

图3-12　条形码工作原理

一维条形码技术是由一组规则排列的条、空以及相对应的字符组成的标记，"条"指对光线放射率较低的部分，"空"指对光线反射率较高的部分，这些条和空组成的数据报表表达一定的信息，并能够用特定的设备读取，并转换成与计算机兼容的二进制或十进制信息。一维条形码的组成依次为：静区（前）、起始符、数据符、终止符、静区（后），如图 3-13 所示。

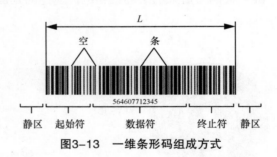

图3-13　一维条形码组成方式

静区：指条码左右两端外侧与空的反射率相同的限定区域，它能使阅读器进入准备阅读的状态，当两个条码相距较近时，静区则有助于加以区分它们，静区的宽度通常不小于 6mm（或 10 倍模块宽度）。

起始符、终止符：指位于条码开始和结束的若干条与空，标志条码的开始和结束，同时提供了码制识别信息和阅读方向的信息。

数据符：位于条码中间的条、空结构，它包含条码所表达的特定信息。

校验字符：在条码码制中定义了检验字符。有些码制的校验字符是必须的，有些码制的校验字符是可选的。校验字符是通过对数字字符进行一种运算而确定的。

常用的一维条形码的码制包括：EAN 码、39 码交叉 25 码、UPC 码、128 码、93 码及 Codabar（库德巴码）等。但实际上通用的标准只有 3 个，我国也相应地制定了国家标准，见表 3-5。

表3-5　一维条形码标准

码制标准	国家标准
通用商品条码（EAN-13）	GB/T12904-91
交叉25码	GB/T16829-97
贸易单元128条码（EAN/UCC-128）	GB/T15429-91

3.2.2　二维条形码技术

1. 什么是二维条形码

🌐【想一想】

　　在讲解二维条形码时，我们先想一个问题：我们现在经常用到的微信扫码，是否就是用手机在扫二维条形码呢？它的原理是什么呢？根据下面的介绍，我们来进行求证。

　　二维条形码是指在水平和垂直方向上的二位空间存储信息的条形码也指用某种特定的几何图形按一定规律在平面（二维方向上）分布的黑白相间的图形记录数据符号信息。二维条形码在代码编制上巧妙地利用构成计算机内部逻辑基础的"0""1"比特流的概念，使用若干个与二进制相对应的几何形体来表示数值信息，它通过图象输入设备或光电扫描设备自动识读以实现信息的自动处理：它具有条码技术的一些共性，每种码制有其特定的字符集；每个字符占有一定的宽度，具有一定的校验功能等。同时它还具有对不同行的信息自动识别的功能及处理图形旋转变化的点。

　　二维条形码从"质"上提高了条形码的应用水平，从"量"上拓宽了条形码的应用领域。相对于一维条形码智能存储数字，二维条形码可以存储个人照片、声音、指纹、虹膜、基因状况等综合信息。如果说一维条形码是商品的身份证，二维条形码则是商品便携的数据库。二维条形码具有密度高、容量大、安全性强的特点。它实现对供应链中各种信息的采集和识别，真正实现物流与信息的同步。二维条形码已成为供应链管理应用中最有前途的技术之一。

2. 一维条形码和二维条形码的区别

　　一维条形码与二维条形码都是我们生活中所常见的感知技术，可以说二维条形码是一维条形码的升级版，但是，二维条形码比一维条形码先进在什么方面呢？下面我们来了解这两者间的不同。

　　（1）一维条形码和二维条形码的信息承载量不一样

　　组成一维条形码的信息部分是字母和数字，其尺寸相对较大，也就是说它的空间利用率较低，这就决定了其信息量的局限性，它的数据容量较小，一般只能容纳30个字符左右。二维条形码的信息承载量很大，最大数据含量可以达到1850个字符。信息量也很广，主要包含字母、数字、字符、汉字等信息，信息含量丰富。

　　（2）两者的信息表达方式不一样

　　一维智能条形码在水平方向单项地表达商品信息，垂直方向则没有任何信息需要表达，一定的高度只是为了方便设备的对标、读取。二维码则是在水平方向与垂直方向都可以表达信息，可以在二维空间内存储信息。

（3）两者的外在结构不一样

一维条形码由于只有在水平方向上存储信息，因此外在结构更趋向于矩形。二维条形码可以被认为是正方形的，在其内部有3个"回"字型的定位点，可以便于设备的对焦，便于读取数据。也正是因为结构的差异，二维条形码相对于一维条形码有更强的纠错性。一维条形码在有破损的情况下，是不能够被读取数据的。二维条形码则可以在有一定的破损的情况下，能够正常地被读取数据，并且纠错率在7%~10%。一维条形码与二维条形码的外在结构如图3-14所示。

一维条形码　　　　二维条形码

图3-14　一维条形码与二维条形码的外在结构区别

（4）两者的码制不一样

一维条形码与二维条形码都有各自的码制和组成成员。常用的码制见表3-6。

表3-6　常用码制

条形码类型	常用码制
一维条形码	EAN码、39码、交叉25码、UPC码、128码、93码，ISBN码及Codabar（库德巴码）等
二维条形码	PDF417二维条形码、Datamatrix二维条形码、QR Code、Code 49、Code 16K、Code one等

综上所述，一维条形码的产生时代较为久远，注定了其无法跟上现代的发展脚步，但因为存在的时间长久，一维条形码的技术相对成熟，不像二维条形码依然存在较多漏洞。所以在存储数据不是很多，保密性不需要很高的领域，如零售业，且可以继续使用一维条形码技术，从而降低成本。但随着时代的发展，计算机以及物联网技术的高速发展，二维条形码的技术日益成熟，越来越完善，其数据含量大、突出的抗毁能力等优点将在未来生活中发挥着重要的作用。一维条形码与二维条形码的区别见表3-7。

表3-7　一维条形码与二维条形码的区别

条形码种类	信息存储量	是否带有错误检验	是否具有纠正能力	垂直方向是否带有信息	用途
一维条形码	存储量较小信息密度低	是	否	否	物品的识别
二维条形码	存储量很大信息密度高	是	否	否	物品的描述

3.2.3 射频识别技术

1. 射频识别的原理及发展史

射频识别（RFID）是一种无线通信技术，它可以通过无线电信号识别特定的目标并读写的相应数据，无需识别系统，也无需与特定目标之间建立机械或者光学接触，即电子标签。无线电的信号是通过无线电波（调成无线电频率的电磁场），把数据附着在物品上的标签内传送出去，以自动辨识并追踪该物品。某些标签在识别时从识别器发出的电磁场中得到能量，不需要电池；有的标签本身拥有电源，并可以主动发出无线电波。RFID系统的工作原理并不复杂，标签进入磁场后，读写器发出的射频信号，凭借感应电流所获得的能量发出存储在芯片中的产品信息，或者主动发送某一频率的信号。读写器读取信息并解码之后，传送至中央信息系统进行有关数据的处理。RFID系统工作示意如图3-15所示。

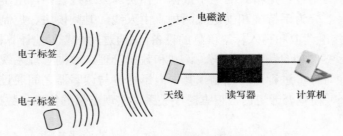

图3-15 RFID系统工作示意

射频标签是产品电子代码（EPC）的物理载体，它附着在可跟踪的物体上，可全球流通并对其进行识别和读写，是当前应用最广泛的非接触式自动目标识别技术之一。RFID技术作为物联网的关键技术，近年来受到人们的极大关注。RFID虽然被称作是一种新的技术，但实际上，RFID是一项很古老的技术，比条形码还要古老。我们跟随表3-8了解下RFID技术的发展历史。

表3-8 RFID技术发展历程

年份	发展情况
20世纪初	雷达技术的不断完善，催生出RFID技术
20世纪30年代	RFID技术作为"信息化武器"出现在第二次世界大战时期
20世纪50年代	RFID的理论和应用的探索时期，1948年Harry Stockman发表"利用反射功率进行通信"为RFID技术进行了理论支撑
20世纪60年代	RFID技术应用于简单的实践应用中
20世纪70年代	60年代末期到70年代初期，一些公司推出简单的RFID系统应用，主要用于电子物品监控，主要是保证图书馆、仓库等物品的监控和安全。之后RFID技术就进入发展蓬勃期，如工业自动化、物流、车辆跟踪、仓库存储都开始了基于集成电路的RFID简单系统的应用

（续表）

年份	发展情况
20世纪80年代	设计更加完善的RFID全面投入使用当中，并且出现了第一个RFID商业应用系统–商业电子防盗系统
20世纪90年代	RFID成为主流，RFID标准出现
21世纪初	RFID标准已经初步形成。2003年11月4日，世界零售业巨头沃尔玛公司宣布，它将采用RFID技术追踪其供应链系统中的商品，并要求其前100大供应商从2005年1月起将所有发运到沃尔玛的货盘和外包装箱贴上射频标签。沃尔玛这一巨大的举动揭开了RFID在开放系统中运用的序曲

2. 射频识别系统的组成与特性

一般来说，射频识别系统包含电子标签、读写器和数据管理系统三个部分。射频识别系统的组成结构如图3-16所示。其中电子标签由天线和芯片组成，每个芯片都含有唯一的识别码，一般保存的是有约定格式的电子数据，在实际应用过程中，电子标签在待识别物体的表面上。读写器分为手持式和固定式两种，由天线、射频模块、控制模块、接口模块组成，它是一个非接触读取和写入标签信息的设备，它通过网络与其他计算机系统进行通信，从而完成对电子标签信息的获取、解码、识别和数据管理。数据管理系统主要完成数据信息存储和管理，并对标签进行读写控制。其中电子标签与读写器之间通过耦合元件实现射频信号的空间耦合，在耦合通道内，根据时序关系，实现能量的传递和数据的交换。

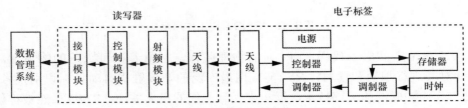

图3-16 射频识别系统的组成结构

从应用概念来说，电子标签的工作频率也就是射频识别系统的工作频率，是其最重要的特点之一，基本可划分为4个主要的范围：低频（30~300kHz）、高频（3~30MHz）、超高频（300MHz~3GHz）和微波（2.45~5.8GHz）。电子标签的工作频率不仅决定射频识别系统的工作原理和识别距离，而且还决定着电子标签和读写器实现的难易程度和设备成本。工作在不同频段或频点上的电子标签具有不同的特点，具体见表3-9。射频识别在应用中占据的频段或频点在国际上有公认的划分，即位于ISM波段中。典型的工作频率有：125kHz、133kHz、13.56MHz、27.12MHz、433MHz、860~930MHz、2.45GHz、5.8GHz等。

表3-9 不同频段的RFID系统特性

频段	标准	波长	描述	距离	穿透能力	应用举例
125~134.2kHz	ISO 11784 ISO/IEC 18000–2A ISO/IEC 18000–2B	>2400m	低频	0.5m	能穿透大部分物体	门禁管理、动物跟踪

（续表）

频段	标准	波长	描述	距离	穿透能力	应用举例
13.56MHz	ISO/IEC 14443 ISO/IEC 15693 ISO 18000–3 EPCglobal Class 1	22.1m	高频	1m	勉强能穿透金属和液体	电子身份证、智能卡
433MHz	ISO 18000–7	0.7m	高频	4~5m	穿透能力较弱	集装箱运输
860~915MHz	ISO 18000–6A ISO 18000–6B ISO 18000–6C EPCglobal Class 0 EPCglobal Class 1	0.31~0.35m	超高频	4~5m	穿透能力较弱，准确率高	自动收费，仓储管理
2.45~5.8GHz	ISO 18000–7 ISO/IEC 24730–2	0.12m	微波	1m	穿透能力最弱，准确率高	移动车辆识别，环境监测

EPCglobal（全球产品电子代码管理中心）是全球最具实力的 RFID 标准组织，其定义 EPC 编码可以分为 64 位、96 位、256 位。目前采用的编码格式一般都是 96 位的编码方式，主要是因为 96 位编码方式可以为 2.68 亿全球公司所用，每个公司产出 1600 万种产品以及每个产品生产 680 亿个物品进行编码，即这样大的容量可以为全球范每年生产的产品提供一个唯一的编码。96 位 EPC 编码如图 3-17 所示，每个 × 表示 8 位数。

图3-17 RFID 96位EPC编码规则

3. 射频识别系统类型

在射频识别系统工作过程中，空间传输通道中发生的过程归结为三种模型：数据交换是目的，时序是数据交换的实现方式，能量是时序得以实现的基础。射频识别系统在发生读写器和电子标签之间的射频信号的耦合类型有两种：电感耦合和电磁反向散射耦合。电感耦合是变压器模型，即通过空间高频交变磁场实现耦合，依据的是电磁感应定律。电感耦合方式一般适用于中、低频工作的近距离射频识别系统。典型的工作频率有：125kHz、225kHz 和 13.56MHz。识别有效距离小于 1m，典型有效距离为 10~20cm。电磁反向散射耦合是雷达原理模型，发射出的电子波碰到目标后反射，同时带回目标信息，其依据的是电磁波的空间传输规律。电磁反向散射耦合方式一般适用于高频，微波工作的远距离射频识别系统。典型的工作频率有：433MHz、915MHz、2.45GHz 和 5.8GHz。识别有效距离大于 1m，典型有效距离为 3~10m。

射频识别技术中标签与读写器之间的有效距离是 RFID 系统在实际应用中的一个很重要的指标。根据 RFID 系统的有效距离，标签与读写器天线之间的耦合可以分为三类，即密耦合系统、遥耦合系统以及远距离耦合系统。三种耦合系统区别见表 3-10。

表3-10 三种耦合系统的区别

型号	作用距离	典型工作频率	工作原理
密耦合系统	0~1cm	≤30MHz	利用射频标签与读写器天线无功近场区之间的电感耦合构成无接触的空间信息传输射频通道
遥耦合系统	1m	13.56MHz、6.75MHz等	利用射频标签与读写器天线无功近场区之间的电感（磁）耦合构成无接触的空间信息传输射频通道
远距离耦合系统	1~10m	915MHz、2.45GHz等	利用射频标签与读写器天线辐射远场区之间的电磁耦合（电磁波发射与反射）构成无接触的空间信息传输射频通道

【想一想】

射频识别技术在生活中的例子以及应用场景。

3.2.4 任务回顾

知识点总结

1. 物联网感知技术的了解，条码技术、射频识别技术。
2. 条码技术中的分类，一维条码技术以及二维条码技术的介绍。
3. 射频识别技术的介绍，相关的发展经历、技术原理以及相关系统类型。

学习足迹

任务二学习足迹如图 3-18 所示。

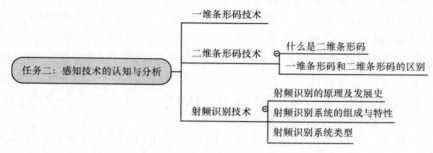

图3-18 任务二学习足迹

思考与练习

1. 射频识别技术的工作原理是怎样的？
2. 二维条形码与一维条形码相比，其技术优势在哪些方面？

3.3　任务三：短距离无线传输技术

【任务描述】

物联网感知层设计在传感器已选的前提下，通过何种手段才能将传感器采集的数据安全、稳定地传送到后台服务器上。这个过程中，我们要考虑环境因素，选择适当的短距离无线传输技术。

短距离无线传输技术在物联网的使用中主要有三种，分别为蓝牙技术、Wi-Fi 技术以及 ZigBee 技术。下面，就这三种技术进行介绍。

3.3.1　ZigBee技术

1. 什么是 ZigBee 技术

ZigBee 是 IEEE802.15.4 协议的代名词，是一种低速短距离传输的无线网络协议，通过这项技术可以实现近距离、低复杂度、低功耗、低数据速率、低成本的双向无线通信。该技术主要适用于自动控制和远程控制领域，可以满足对小型廉价设备的无线联网和控制。它可以嵌入各种设备中，同时支持地理位置定位功能。

ZigBee 技术是根据蜜蜂（Bee）的飞行模式以及群体构成的网络通信方式发明的。由于蜜蜂是靠飞翔和"嗡嗡"（Zig）声抖动翅膀的"舞蹈"来与同伴传递花粉所在的方位和远近信息的，也就是蜜蜂靠着这样的方式构成了群体的通信"网路"，因此 ZigBee 的发明者形象地利用蜜蜂的这种行为来描述无线信息传输技术。

2. ZigBee 技术结构是如何的

相对于其他常见的无线通信标准，ZigBee 协议栈具有紧凑而且简单的特点，而且对环境配置要求不高，只要 8 bit 处理器再配上 4 kbit ROM 和 64 kbit RAM 即可。ZigBee 协议栈模型如图 3-19 所示，完整的 ZigBee 协议由应用层、应用接口、网络层、数据链路层、MAC 层、物理层组成。网络层以上协议由 ZigBee 联盟制定，IEEE 负责物理层、MAC 层和链路层标准的制定。

ZigBee2007 协议栈的物理层及 MAC 层都是 IEEE802.5.14-2003 标准中定义的。物理层规定了它所使用的频段，以及所使用的编码、调制、扩频、调频等无线传输技术；有了物理层，就有了一个实现点到点之间的信号发射与接收的基础，没有物理层协议，设备间是根本没有办法通信的，有可能都不在一个频段上。

图3-19　ZigBee协议栈模型

MAC 层主要功能包括设备间无线链路的建立、维护和结束；确认模式的帧传送和接收；信道接入控制；帧校验；预留时隙管理；广播信息管理。

数据链路层（MAC）负责处理所有的物理无线信道访问，并产生网络信号、同步信号；支持 PAN 连接和分离，提供两个对等 MAC 实体之间可靠的链路。

ZigBee 协议栈在 802.15.4 协议基础上定义了网络层。网络层的主要负责设备的连接和断开、在帧数据传递时采用的安全机制、路由发现和维护、最大程度地减少消费者的开支和维护成本等。简单说，就是保障设备之间的组网和网络节点间的数据传输。ZigBee 技术支持多跳路由，可以实现星形拓扑、树形拓扑和网状拓扑等不同的网络拓扑结构。

服务接入点 (Service Access Point) 的意思是协议栈层与层之间的接口，协议栈都是分层结构的，接口就是层与层之间的沟通渠道。协议栈相邻的上下层之间一般都有两个接口，也就是两个服务接入点。

应用层主要负责把不同的应用映射到 ZigBee 网络上，具体功能包括安全与鉴权、多个业务数据流的汇聚、设备发现、业务发现。

ZigBee 支持多种网络拓扑结构，最简单的是星形网络，只用 1 个中心网络协调器，连接多个从属设备；另一种网络结构是互联的星形网，可扩展为单个星型网或互联两个星形网络；第三种是网状网，网状网的覆盖范围很广，可以容纳上万个节点。图 3-20 所示为 ZigBee 拓扑结构。

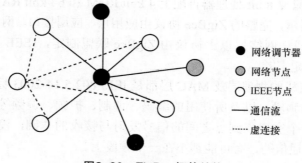

● 网络调节器
◐ 网络节点
○ IEEE节点
—— 通信流
······ 虚连接

图3-20　ZigBee拓扑结构

ZigBee 技术的设计目标是保证在低功耗的前提下，开发一种易部署、低复杂度、低成本、短距离、低速率的自组织无线网络，在工业控制、家庭智能化、无线传感器网络等领域有广泛的应用前景。

3. ZigBee 技术优势有哪些

【想一想】

查阅资料，思考下 ZigBee 技术有哪些技术优势，并且 ZigBee 技术能够应用在哪些环境。

ZigBee 是一种无线连接技术，可工作在 2.4GHz、868MHz 和 915 MHz 三个频段上，分别具有最高 250kbit/s、20kbit/s 和 40kbit/s 的传输速率，它的传输距离在 10~75m，但可以继续增加。作为一种无线通信技术，ZigBee 具有如下优势。

① 低功耗。在工作模式下，ZigBee 技术的传输速率低，传输数据量很小，因此信号的收发时间很短。其次，在非工作模式下，ZigBee 的节点处于休眠状态。设备搜索延迟一般为 30ms，休眠激活时延为 15ms，活动设备接入信道时延为 15 ms。由于工作时间较短，收发信息功耗较低且采用了休眠模式，使得 ZigBee 节点非常省电。

② 低成本。通过大幅度简化协议，降低了对节点存储和计算能力的要求。以 MCS-51 的 8051 单片机测算，全功能设备需要 32K 的代码，精简功能只需要 4KB 的代码，而且 ZigBee 协议专利免费。

③ 低速率。ZigBee 工作在 20~250kbit/s 的较低速率，分别提供 250kbit/s（2.4GHz）、40kbit/s（915MHz）和 20kbit/s（868MHz）的原始数据的吞吐率，能够满足低速率传输数据的应用要求。

④ 近距离。ZigBee 设备点对点的传输范围一般介于 10~100m。在增加射频发射功率后，传输范围可增加到 1~3km。如果通过路由和节点间的转发，传输距离可以更远。

⑤ 短时延。ZigBee 响应速度较快，一般从睡眠转入工作状态只需要 15ms。节点连接进入网络只需 30ms，进一步节省了电能。

⑥ 网络容量大。ZigBee 低速率、低功耗和短距离传输的特点使得它支持简单器件。一个 ZigBee 的网络节点最多包括 255 个 ZigBee 网络节点，其中有一个是主控设备，其余则是从属设备。若是通过网络协调器，整个网络可以支持超过 64000 个 ZigBee 网络节点，再加上各个网络协调器可以相互连接，整个 ZigBee 的网络节点数目将是十分可观。

⑦ 高安全。ZigBee 提供了数据完整性检查和鉴权功能。在数据传输过程中提供了三级安全性。

⑧ 免执照频段。ZigBee 设备物理层采用工业、科学、医疗（ISM）频段。

⑨ 数据传输可靠。ZigBee 的媒质传入控制层（MAC 层）采用 talk-when-ready 的碰撞避免机制。在数据传输机制下，当有数据传送需求时则立刻发送，发送的每个数据分组都必须等待接收方的确认消息，并进行确认信息回复。若没有得到确认信息的回复就表示发生了冲突，将重传一次。采用这种方法可以提高系统信息传送的可靠性。ZigBee

为需要固定带宽的通信业务预留了专用时隙，避免了发送数据时的竞争和冲突。同时，ZigBee 针对时延敏感的应用做了优化，通信时延和休眠状态激活的时延都非常短。

3.3.2 蓝牙技术

1. 蓝牙技术的由来

蓝牙是一种无线技术标准，可实现固定设备、移动设备和楼宇个人域网之间的短距离数据交换，使用频段为 2.4~2.485GHz 的 ISM 波段。蓝牙技术最初由爱立信于 1994 年创制，当时作为 RS232 数据线的替代方案。蓝牙可连接多个设备，克服了数据同步的难题。

爱立信早在 1994 年就已进行蓝牙技术的研发。1997 年，爱立信与其他设备生产商联系，并激发了他们对该项技术的浓厚兴趣。1998 年 2 月，5 个跨国公司，包括爱立信、诺基亚、国际商业机器公司、东芝及英特尔组成了一个特殊兴趣小组，他们共同的目的就是研发一种全球性的小范围无线通信技术，即现在的蓝牙，为什么会将蓝牙的标记设计成这个样子呢？蓝牙的标志取自 Harald Bluetooth 名字中的"H"和"B"两个字母，用古挪威字母来表示，将这两者结合起来，就组成了蓝牙的标志。

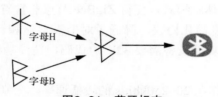

图3-21　蓝牙标志

蓝牙技术从 1994 年研发至今，经历了 20 多年的技术演变，经历了 5 次标准的更新与推动，下面，我们就介绍蓝牙技术的这 5 次标准的制订内容变革，具体见表 3-11。

表3-11　蓝牙技术标准更新

时间	版本号	改进内容
1998年	V1.1	最早期的版本，传输速率为748~810kbit/s，因是早期版本，容易受到同频率之间的类似通信产品干扰，影响通信质量
1998年	V1.2	传输速率为748~810kbit/s，增加了抗干扰跳频功能
2004年	V2.1	改善装置配对流程；短距离配对方面也具备了在两个支持蓝牙的手机之间互相进行配对与通信传输的NFC机制；降低了蓝牙芯片的工作负载，也可让蓝牙有更长的时间彻底休眠
2009年	V3.0	2009年4月21日，蓝牙技术联盟(Bluetooth SIG)正式颁布了新一代标准规范"Bluetooth Core Specification Version 3.0 High Speed"（蓝牙核心规范3.0版高速）。蓝牙3.0的核心是"Generic Alternate MAC/PHY"（AMP），这是一种全新的交替射频技术，该技术允许蓝牙协议栈针对上一任务动态地选择正确的射频频率。蓝牙3.0的传输速度更快、功耗更低。 此外，新的规范还具备通用测试方法（GTM）和单向广播无连接数据（UCD）两项技术，并且包括了一组HCI以获取密钥长度

（续表）

时间	版本号	改进内容
2010年	V4.0	蓝牙4.0改进之处体现在三个方面：电池续航时间、节能和设备种类。 ① 蓝牙4.0最重要的特性是省电，极低的运行和待机功耗可以使一粒纽扣电池连续工作数年之久。此外，此版本还具备低成本和跨厂商互操作性、3ms低延迟、AES-128加密等诸多特色。 ② 蓝牙4.0是蓝牙3.0+HS规范的补充，专门面向对成本和功耗都有较高要求的无线方案。它支持两种部署方式：双模式和单模式。 ③ 蓝牙4.0将三种规格融合为一体，包括传统蓝牙技术、高速技术和低耗能技术，蓝牙4.0版本与蓝牙3.0版本相比最大的不同就是功耗低，4.0版本强化了蓝牙在数据传输方面的低功耗性能
2013年	V4.1	此次升级蓝牙4.1的关键词是IoT（物联网），也就是把所有设备都联网。为了实现这一点，蓝牙4.1最为重要的改进之一就是对通信功能进行了改进： ① 提高了批量数据的传输速度； ② 支持通过IPv6连接到网络； ③ 简化设备连接； ④ 支持与4G和平共处； ⑤ 使用高级加密系统（AES）提供更安全的连接
2014年	V4.2	改善了数据传输速度和隐私保护程度，可直接通过IPv6和6LoWPAN接入互联网
2016年	V5.0	① 更快的传输速度：新版本的蓝牙传输速度上限为24Mbit/s，是之前4.2LE版本的两倍。 ② 更远的有效距离：新版本的有效距离是4.2LE版本的4倍，理论上，蓝牙发射和接收设备之间的有效工作距离可达300m。 ③ 导航功能。 ④ 物联网功能：针对物联网进行了很多底层优化，力求以更低的功耗和更优化的性能为智能家居服务。 ⑤ 升级硬件。 ⑥ 更多的传输功能。 ⑦ 更低的功耗。 ⑧ 真正支持无损传输

2. 蓝牙系统的组成与结构

蓝牙系统主要由天线单元、蓝牙软件（协议）单元、链路控制（固件）单元以及链路管理（软件）单元4部分组成，如图3-22所示。

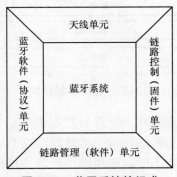

图3-22　蓝牙系统的组成

天线单元：蓝牙要求其天线部分体积要十分小巧且重量要轻，因此，蓝牙天线属于微带天线。蓝牙空中接口是建立在天线电平为 0dB 的基础上的。空中接口遵循FCC（Federal Communication Commission，即美国联邦通信委员会）有关电平为 0dB 的 ISM 频段的标准。如果全球电平达 100dB 以上，我们可以使用扩展频谱功能来增加一些补充业务。最大的跳频速率为 1660 跳 / 秒，理想的连接范围为 100mm ～ 10m，但是通过增大发送电平可以将距离延长至 100m。

蓝牙软件单元："蓝牙规范"是为个人区域内的无线通信制定的协议，它包括核心（Core）部分和协议子集（Profile）部分。协议栈仍采用分层结构，分别实现数据流的过滤和传输、跳频和数据帧传输、连续建立和释放、链路的控制、数据的拆装等功能。

链路控制单元：实现了基带链路控制器负责处理的基带协议和其他一些底层常规协议。能够实现的功能有：媒体接入控制、差错控制以及认证和加密等。

链路管理单元：链路管理（LM）软件模块携带了链路的数据设置、鉴权、链路硬件配置和其他一些协议，通过链路管理协议建立通信联系。链路管理（LM）软件模块提供如下服务：发送和接收数据、请求名称、链路地址查询、连接建立、链路模式协商和建立、帧的类型的决定、设备模式修改、网络连接建立、连接类型和数据包类型确立、鉴权和保密等。

蓝牙系统主要由以上 4 个部分组成，那么这四个部分组成的系统具体又是怎么划分结构的呢？下面，我们就根据蓝牙系统的结构进行分析。

蓝牙系统结构包括底层硬件模块、中间协议层和应用层三部分，如图 3-23 所示。

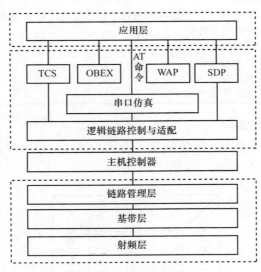

图3-23　蓝牙系统结构

底层硬件模块由射频层、基带层和链路管理层组成：射频层主要负责基频调制；基带层负责跳频和蓝牙数据及信息帧的传输；链路管理层负责链接的建立、拆除及链路的安全和控制。由于上层软件模块不能和底层硬件模块直接连接，两个模块接口之间的信息和数据通过中级控制接口的解释才能进行传递。主机控制器实际上相当于蓝牙协议中软、硬件之间的桥梁，它提供了一个由基带层、链路管理层、状态和控制寄存器等硬件组成的统一命令接口。中间协议层包括逻辑链路控制与适配协议、串口仿真协议等。蓝牙系统结构的最上层是应用层，对应于各种应用模型和应用程序。

上文我们介绍了蓝牙系统的组成与结构，那么蓝牙网络又是通过什么设备与方式构成的呢？

蓝牙网络设备分为主设备与从设备，主动提出通信要求的设备是主设备，被动进行通信的设备为从设备。一台主设备最多可同时与7台从设备进行通信，并可以和多达256个从设备保持同步但不通信。一台从设备与另1台从设备通信的唯一途径是通过主设备转发消息。蓝牙系统提供点对点连接方式或一点多址连接方式。在一点多址连接方式中，信道分散在几个蓝牙单元中，分在同一信道中的两个或两个以上的单元形成一个微网。

一台设备和一台以上从设备构成的网络被称作微网，也被称作皮克网。一个蓝牙单元作为微网的主单元，其余的可作为从单元。一个微网中最多可有7个活动单元。另外，更多的从单元被锁定在休眠状态中，这些休眠状态的从单元在该信道中不能被激活，但对诸单元来讲它们仍与主单元同步。无论激活或休眠状态，信道访问都由主单元控制。

图3-24是蓝牙系统拓扑结构形式图：A图为单个从设备构成的微网，也就是点对点组网；B图是多个从设备构成的微网，一点对多点组网；C图是多个微网构成的扩散网。

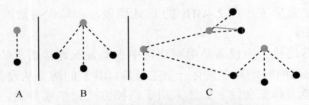

图3-24　蓝牙系统拓扑结构形式图

什么是扩散网呢？扩散网就是具有重叠覆盖域的微网之间存在设备间的通信，形成一个扩散网络结构。每个微网只能具有一个单独主单元，然而从单元可分享基于时分多址的不同微网。另外，在一个微网中，主单元可被视为另一个微网的从单元，各微网间不再是以时间或频率同步，各微网有自己的跳频信道。蓝牙扩散网结构如图3-25所示，其中M为主设备，S为从设备。

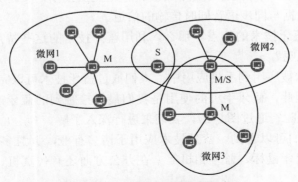

图3-25　蓝牙扩散网结构示意

3. 蓝牙技术的特点与应用

蓝牙技术的特点主要包含以下 6 个方面，如图 3-26 所示。

图3-26　蓝牙技术特点

全球范围适用：蓝牙工作在 2.4GHz 的 ISM 频段，全球大多数国家 ISM 频段的范围是 2.4GHz~2.4835GHz。

可建立临时对等连接：主设备是组网连接中主动发起连接请求的蓝牙设备，几个蓝牙设备连接成一个皮克网时，其中只有一个主设备，其余的均为从设备。

很好的抗干扰能力和安全性：蓝牙采用了跳帧方式来扩展频谱，抵抗来自这些设备的干扰；蓝牙提供了认证和加密功能，以保证链路级的安全。

功耗低、体积小：蓝牙设备在通信链状态下，有 4 种工作模式，即激活模式、呼吸模式、保持模式、休眠模式。激活模式是正常的工作状态，另外三种模式是为了节能所规定的低功耗模式。

近距离通信：蓝牙技术通信距离为 10m，可根据需求扩展至 100m，以满足不同设备的需求。

同时传输语音数据：蓝牙采用电路交换和分组交换技术，支持异步数据信道、三路语音信道以及异步数据与同步语音同时传输的信道。

以上介绍的是蓝牙技术的特点，那么，利用蓝牙技术的这些特点，我们可以将蓝牙技术应用到哪些方面呢？

最早，蓝牙技术被应用到手机应用中，人们通过蓝牙技术可以完成数据传输、对讲、游戏对战等内容。因此，蓝牙手机的使用是我们最早接触到的蓝牙产品。蓝牙技术还能应用到什么应用领域呢？通过图 3-27，我们来进行深入了解。

从图 3-27 中我们可以看到，蓝牙技术应用于诸多行业，并且多数偏向于个人应用，例如，蓝牙耳机、蓝牙鼠标、蓝牙相机等；在办公方面还有传真机、打印机、笔记本电脑等。

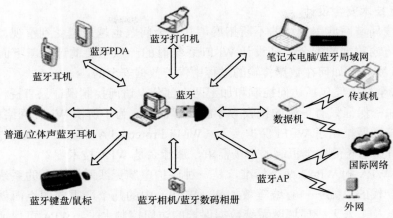

图3-27 蓝牙技术应用领域

3.3.3 Wi-Fi技术

1. Wi-Fi 技术的定义

【讨论】

同学之间相互讨论,你所认识的 Wi-Fi 技术是怎样的呢? 它被应用在哪些方面呢?

Wi-Fi(Wireless Fidelity,无线宽带)又被称作 802.11b 标准,是 IEEE 定义的一个无线网络通信的工业标准。IEEE802.11b 标准是在 IEEE802.11 的基础上发展起来的,工作在 2.4 GHz 频段,最高传输速率能够达到 11 Mbit/s。该技术是一种可以将个人电脑、手持设备等终端以无线方式互相连接的一种技术,目的是改善基于 IEEE802.1 标准的无线网络产品之间的互通性。

Wi-Fi 的特点是不再使用通信电缆将计算机与网络连接起来,而是通过无线的方式将其连接起来,从而使网络的构建和终端的移动更加灵活。

Wi-Fi 网络结构如图 3-28 所示,由 AP 和无线网卡组成。AP 一般被称作网络桥接器或接入点,它被称作传统有线局域网络与无线局域网之间的桥梁,因此,任何一台装有无线网卡的计算机,均可通过 AP 去分享有线局域网、甚至广域网的资源。其相当于一个内置无线发射器的集成器或者是路由,而无线网卡则是负责接收 AP 发射的信号的 lient 设备。

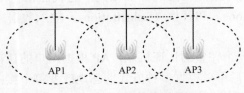

图3-28 Wi-Fi网络结构

2. Wi-Fi 技术安全设计

随着无线局域网应用领域的不断拓展，其安全问题也越来越受到重视，如何在传输过程中保证传输数据的安全，是设计 Wi-Fi 系统时的一项重要的课题。下面我们简单地阐述下 Wi-Fi 到底是如何在数据传输的过程中保护数据安全的。

Wi-Fi 安全性主要包括访问控制和加密两大部分，访问控制保证只有授权用户能访问敏感数据，加密保证只有正确的接收方才能理解数据。为了解决 Wi-Fi 网络的安全问题，2003 年 Wi-Fi 联盟推出了 Wi-Fi 保护接入（Wi-Fi Protected Access，WPA）作为安全解决方案以满足日益增长的安全机制的市场需求，那什么是 WPA 技术呢？

WPA 有 WPA 和 WPA2 两个标准，是一种保护电脑无线网络安全的系统，它是研究者为弥补前一代的系统——有线等效加密（WEP）中的几个严重的弱点而创造的，可大大增强现有以及未来无线局域网系统数据保护的访问控制水平。WPA 可保证无线局域网用户的数据受到保护，并且只有授权用户才可访问无线局域网。

既然 Wi-Fi 联盟推出了 WPA 来满足 Wi-Fi 安全机制的市场需求，那么 WPA 技术是如何保障 Wi-Fi 的安全性的呢？其运用了什么样的安全策略，下面我们来具体介绍。

（1）加密方式

暂时密钥集成协议（TKIP）加密模式：TKIP 使用的仍然是 RC4 算法，但在原有的 WEP 密码认证引擎中添加了"信息包加密功能""信息监测""具有序列功能的初始向量"和"密钥生成功能"4 个算法。

TKIP 是包裹在已有 WEP 密码外围的一层"外壳"，这种加密方式在尽可能使用 WEP 算法的同时避免了已知的 WEP 缺点，专门用于纠正 WEP 安全漏洞，实现无线传输数据的加密和完整性保护。但是相比 WEP 模式，TKIP 加密模式可以为无线局域网服务提供更加安全的保护，主要体现在以下几点：

① 静态 WEP 的密钥为手工配置，且一个服务区内的所有用户都共享同一把密钥，而 TKIP 的密钥为动态协商生成，每个传输的数据包都有一个与众不同的密钥；

② TKIP 将密钥的长度由 WEP 的 40 位加长到 128 位，初始化向量 IV 的长度由 24 位加长到 48 位，加密的安全性提高了；

③ TKIP 支持 MIC（Message Integrity Cheek，信息完整性校验）认证和防止重放攻击功能。

高级加密标准（AES）模式：WPA2 放弃了 RC4 加密算法，使用 AES 进行加密，其是比 TKIP 更加高级的加密技术。AES 是一个迭代的、对称密钥分组的密码，它可以使用 128 位、192 位和 256 位密钥，并且用 128 位（16Byte）密钥分组加密和解密数据。与公共密钥密码使用密钥对不同，对称密钥使用相同的密钥加密和解密数据。通过分组密码返回的加密数据的位数与输入数据的位数相同。迭代加密使用一个循环结构，在该循环中重复置换（Permutations）和替换（Substitutions）输入数据。

（2）认证方式

WPA 给用户提供了一个完整的认证机制，AP 根据用户的认证结果决定是否允许其加入无线网络中；认证成功后可以根据多种方式动态地改变每个接入用户的加密密钥；对用户在无线通信中传输的数据报进行信息完整性校验，确保用户数据不会被其他用户更改。

WPA 有两种认证模式：一种是使用 802.1x 协议进行认证，即 802.1x+=EPA 方式（工业级的，安全性要求高的地方用，需要认证服务器；EAP 为可扩展身份验证协议，是一系列验证集合，设计理念是满足任何链路层的身份验证需求，支持多种链路层）；另一种是预先共享密钥（PSK）模式（家庭用的，用在安全性要求低的地方，不需要服务器）。AP 和客户端分享密钥的过程有 4 次握手，过程如图 3-29 所示。

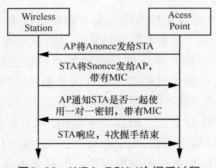

图3-29　WPA-PSK 4次握手过程

① 客户端 SrrA 与无线接入点（AP）关联。

② STA 需要向 AP 发送认证消息，在被授权以前，即使 STA 与 AP 始终关联，STA 也不能够访问网络，只能继续向 AP 发送认证消息，经由远程认证拨号用户服务 AP 将认证消息发送给后端服务器来认证。

③ 客户端 STA 利用 EAP，通过 AP 的非受控端口向认证服务器提交身份凭证，认证服务器负责对 STA 进行身份验证。

④ 如果 STA 未通过验证，客户端一直被阻止访问网络；如果认证成功，则认证服务器通知 AP 向该 STA 打开受控端口。

⑤ 身份认证服务器利用 TKIP 自动将主配对密钥分发给 AP 和客户端 STA，主配对密钥针对每个用户、每个 802.1x 的认证进程是唯一的。

⑥ STA 与 AP 再利用主配对密钥动态生成基于每数据包唯一的数据加密密钥。

⑦ 利用该密钥对 STA 与 AP 之间的数据流进行加密。

这样就像在两者之间建立了一条加密隧道，保证了空中数据传输的高安全性。

3. Wi-Fi 技术特点

根据 Wi-Fi 技术的特性及使用环境，Wi-Fi 技术的特点可概括如下。

① 无线电波覆盖范围广，基于蓝牙技术的电波覆盖范围非常小，半径大约只有 15 m，而 Wi-Fi 技术的电波覆盖范围半径可达 300 m，适合办公室及单位楼层内部使用。

② 组网简便，无线局域网组建在硬件设备上的要求与有线相比，更加简洁方便，而且目前支持无线局域网的设备已经在市场上得到了广泛的普及，不同品牌的接入点以及客户网络接口之间在基本的服务层面上都是可以实现互操作的。无线局域网的规划可以随着用户的增加而逐步扩展，在初期根据用户的需要只需布置少量的点，当用户数量增加时，只需再增加几个 AP 设备，而不需要重新布线。而全球统一的 Wi-Fi 标准与其蜂窝载波技术不同，同一个 Wi-Fi 用户可以在世界各个国家使用无线局域网服务。

③ 业务可集成性，由于 Wi-Fi 技术在结构上与以太网完全一致，所以能够将无线局域网集成到已有的宽带网络中，也能将已有的宽带业务应用到无线局域网中。这样，我们就可以利用已有的宽带有线接入资源，迅速地部署无线局域网网络，形成无缝覆盖。

④ 完全开放的频率使用段，无线局域网使用的 ISM 是全球开放的频率使用段，用户端无需任何许可就可以自由使用该频段上的服务。

4. 三种短距离技术比较

Wi-Fi 技术、ZigBee 技术与蓝牙技术同为短距离传输技术，它们之间有着相同的特性，也有不同点，在不同的环境中，使用不同的技术，是物联网方案设计中不可或缺的。

例如：在环境单一的大型船厂中，如果要添加很多智能灯控设备，综合船厂的环境因素及成本，在采用短距离传输的过程中，主推的传输技术应该是 ZigBee 技术。我们首先应该考虑的是：在如此多的智能灯控设备存在的情况下，Wi-Fi 的抗干扰能力弱的问题急剧增大，数据传输的准确性会变差，所以，Wi-Fi 技术不合适；同样，蓝牙技术受到传输距离的限制，也不能在此环境中应用；而 ZigBee 技术的抗干扰能力较强，传输距离较远，在此环境中，能够很好地保证数据传输的准确性，并且成本低廉。

下面我们就 ZigBee 技术、蓝牙技术与 Wi-Fi 技术进行对比，区分它们之间的不同点，见表3-12。

表3-12　ZigBee技术、蓝牙技术与Wi-Fi技术对比

性能	ZigBee技术	蓝牙技术	Wi-Fi技术
单点覆盖距离	50~300m	10m	50m
网络拓展性	自动扩展	无	无
电池寿命	数年	数天	数小时
复杂性	简单	复杂	非常复杂
传输速率	250kbit/s	1Mbit/s	1~11Mbit/s
频段	868MHz~2.4GHz	2.4GHz	2.4GHz
网络节点数（个）	65000	8	50
联网所需时间	30ms	10s	3s
终端设备费用	低	低	高
有无网络使用费	无	无	无
安全性	128 bit AES	64 bit、128 bit	SSID
集成度和可靠性	高	高	一般
使用成本	低	低	一般
安装使用难易程度	非常简单	一般	难
功率消耗	极小	中等	一般

3.3.4　任务回顾

 知识点总结

1. 了解短距离无线传输技术中的 ZigBee 技术、Wi-Fi 技术以及蓝牙技术。

2. 了解三种技术的技术优势以及应用领域。

3. 对比三种技术，区分在不同物联网环境中，如何选择三种短距离传输技术。

学习足迹

任务三学习足迹如图 3-30 所示。

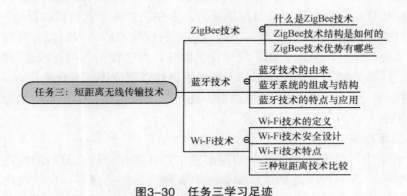

图3-30 任务三学习足迹

思考与练习

1. 简单阐述 ZigBee 技术的工作原理。

2. 使用 ZigBee 技术、蓝牙技术、Wi-Fi 技术的使用环境要求有哪些？

3.4 任务四：感知层设计案例分析

【任务描述】

本次项目之前，我们已经介绍了感知层重要的三项技术：传感器技术、感知技术以及短距离通信技术。那么，在设计感知层时，我们如何运用这些技术呢？如何通过这些技术设计出更好、更适合应用场景需求的物联网系统呢？下面我们就对两种物联网环境的感知层进行分析。

3.4.1 智慧校园案例分析

1. 智慧校园环境设定

当接触到物联网项目的时候，我们首先要根据项目方提供的数据进行数据分析，列出项目的可行性。校方在校园建设、教学方式上能够做到哪些方面的改善，相关人员在项目前期就需要确定好，这样在后期项目的开发中，才能够更好地设计物联网架构的层次，更好地设计感知层的硬件设备。

本次智慧校园项目包括以下 5 点可行性分析，可作为我们设计感知层的背景信息。

① 通过智慧校园建设，使高校管理部门增强感知力，能够及时获取比以前更多的高质量数据。

② 提供新的信息获取和处理方式。智慧校园建设完成后，更全面的互联互通可使物理世界与高校信息管理系统以全新的方式进行交流和互动。

③ 在更透彻的感知和更全面的互联互通的基础上，更深入地实现智能化，即采用新的计算模式和新算法，使高校更具有预见能力，方便决策者采取明智的行动。

④ 通过物联网实现资源的整合，节约成本。网络建成后，可以合并高校已部署的各类独立信息系统，整合服务器资源，统一提供服务，对学校的各类资源进行统一的规划、分配和管理，杜绝资源的浪费，同时加大管理的弹性以适应不断变化的需求。

⑤ 在增强整个信息平台的管理能力后，还可以使终端用户用更自由的方式工作，使数据共享更便利。

2. 整体方案建设

在环境设定中，对于感知层设计的限制点主要体现在可行性分析的前两点，通过对这两部分的解读，我们可以通过设计如智能电表和设备的传感器，持续收集各单位能源供需数据。新的传感器和设备，如 RFID 标签、图像传感器、激光与红外传感器、超声波传感器等提供了数据收集更多的可能性。通过安装一些传感器与智能设备，数据采集问题能够很好地被解决，高校管理部门能够获得更高质量的数据。在实验仪器、机房设备、多媒体教室等实体和信息系统之间的通信和协调，使信息采集、获取、共享和处理成为可能。

通过上面的分析，我们就能给出智慧校园的总体规划，如图 3-31 所示。

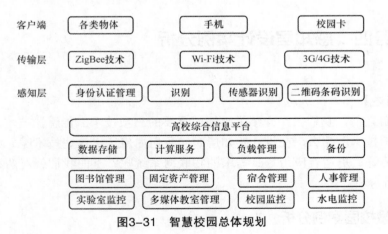

图3-31　智慧校园总体规划

智慧校园的整体规划包括了对于客户端、传输层、感知层的设计，在这里，我们重点介绍感知层的设计。我们通过对这部分设计进行分析，可加深对感知层技术的了解。

在感知层设计中，我们可以看到，有传感器识别、二维码条码识别，还有一些水电监控等智能设备采集的数据，这么多的传感器、智能设备是怎么使用的呢？下面我们就介绍如何将这些设备组网。

3. RFID 子网建设

关于 RFID 校园子网的建设，本方案采用的校园卡移动技术是基于 RFID 2.4GHz 频率的与手机 SIM 卡融合的技术。RFID 子网可直接并入现有校园网结构中，用户可以通过校园门户网站、移动电脑、手机和校园卡来使用与之相关的应用。图 3-32 所示为 RFID 子网构建示意。

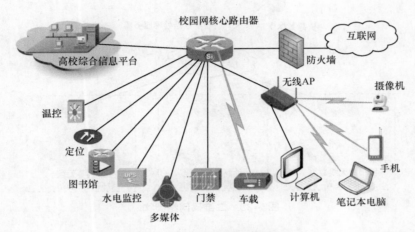

图3-32　RFID子网构建示意

从图 3-32 中我们可以看到，我们在本系统中选用的设备为 RF-SIM 卡，它是可实现短、中距离无线通信的手机智能卡，是一个可以替代钱包、钥匙和身份证的全方位服务平台。它的最大优点是不需要换手机，只要在现有的手机上换一张智能卡手机就可变成 NFC 手机，它使用的频率是 2.4GHz，通信距离可在 5m 内自动调整，并可单向支持数据广播（半径 100 Mbit/s）。RF-SIM 卡内置软件则用于管理高安全度的 RFID，基于 MIFARE 模拟逻辑加密卡、可内置电子信用卡和电子钱包等，可使用微型 RF 模块并通过内置的天线与外部设备进行通信。

所以，基于 RF-SIM 卡，相关人员可以很轻松地获取设备信息，并且对设备进行操控。这样大大提升了工作效率，提高了校园监管能力。

4. 二维码子网

二维码在智慧校园中主要用于图书资源管理、校园物产管理、计算机机房设备管理等。二维码网络架构如图 3-33 所示。

从图 3-33 中我们可以看到，图书资源集中在图书馆；固定资产分布在全校范围内；计算机机房分布在各试验楼内。针对二维码分散编码的问题，数据采集基站可以根据需要从物品存在房间大小、楼层距离、楼宇距离等方面确定数量及技术指标。二维码在校园应用中主要有 4 个环节：首先是入库管理，入库时识别固定资产上的二维码标签，同时将存放信息、特性信息一同存入数据库；其次是出库管理，固定资产出库时系统扫描其二维码，对信息进行确认，同时更改其库存状态；然后是仓库内部管理，二维码一方面可用于存货盘点，另一方面可用于出库备货；最后是货物配送，配送前可将配送资料下载到终端中，送到目的地后，可通过终端调出相应的信息，然后根据使用情况挑选物品并验证其条码标签，确认配送完一个物品后，终端会校验配送情况，并做出相应的提示。

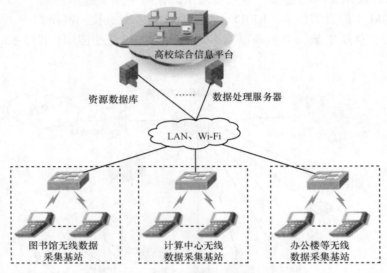

图3-33　二维码网络架构

5. 传感器子网

物联网中已经拥有了二维码、RFID 这样的识别工具，它们可以储存物品的关键信息。但是有些情况下，物品的外部信息已经改变或者发生了偏差，这时我们利用传感器可以检测出物品的实际数据，从而实现对物品信息的正确识别。

各类传感器的大规模部署和应用是构成物联网不可或缺的基本条件。传感器作为转换物体标识信息，其技术的重要性不仅体现在转换物理信息的灵敏度上，也体现在面对未来无线传感网络的节点传输的可靠性问题上。因此，在使用传感器时，我们更多地考虑的是物理信息转换后的信息处理、数据分析、数据传输等问题。

本方案利用逐渐兴起的 ZigBee 技术构建近距离无线传感器网络，并对已建设的校园网络、Wi-Fi 网络等进行布点构建。如图 3-34 所示，校园网中的各种网关、传感器、图像采集设备等终端均可通过 ZigBee 技术接入综合信息管理平台。用户可以通过网络终端比如电脑或手机登录信息中心来控制传感器终端，以实现对传感器传回的数据的实时监控和管理。校园内的各类传感器如校园环境监控、烟雾温度探测器、教室监控、实验室的各类监控等均可通过 ZigBee 技术接入校园网，相关人员可远程对其实施控制操作。

在本文中，我们基于物联网技术进行了智慧校园建设方案的分析和探讨，结合物联网的架构对整个体系的搭建提出了建议，相信随着物联网技术的改进和更新其必将会成为校园工作的有力支撑，智慧校园会为教育事业带来更美好的发展前景。

3.4.2　智能电网案例分析

1. 环境分析

目前，智能电网和物联网产业的发展均被提升到国家经济发展的战略决策层面，如

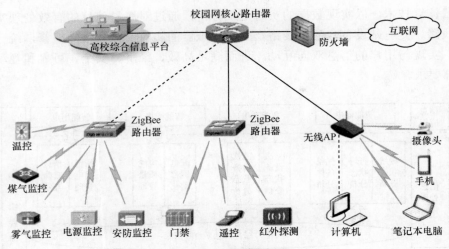

图3-34　传感器子网架构

何将智能电网和物联网有机地结合起来是电力发展中需要解决的重要问题。将物联网引入新一代智能电网信息通信技术（ICT）平台中，不应是对当前电力通信网的重构，而应是在现有各种网络充分发展的基础上，利用传感器网络扩展的物与物之间的直接通信方式，这种方式可降低电网生产环节中的人工参与度，提升电网的安全系数。与此同时，物联网应基于异构融合、兼容开放、组织自愈等突出特点，与互联网紧密结合，实现与多种网络的互联互通，实现电网与社会的相互感知与互动。基于物联网的应用能够极大地拓宽现有电力通信网的业务范围，提高电力系统的安全性和抗故障、御灾害能力，实现与用户的信息交互，最终实现智能电网节能减排、兼容互动、安全可靠的目标。

下面我们将结合物联网的基本网络架构和业务特性，通过对智能电网输电、变电、配电和用电四大环节的业务需求分析，提出面向智能电网ICT平台的物联网分层体系架构，并将物联网与现有电力通信网的性能进行对比。在此基础上，我们还将针对智能电网生产环节提出基于无线传感器网络的应用方案；针对智能用电环节的感知互动性需求，具体分析面向智能用电以及智能电网互动化的物联网解决方案。

2. 面向智能电网的物联网架构分析

由于现有电力通信网在数据的终端采集上存在大量盲区，如对高压输电线路状态监测多采用人工巡检，无法实现对线路实时监控，系统自愈、自恢复能力完全依赖于实体冗余等。针对目前电网中存在的这些问题，我们需要搭建面向智能电网的物联网应用架构，其实质是利用物联网搭建的支撑全面感知、全景实时的通信系统，将物联网的环境感知性、多业务和多网络融合性有效地植入智能电网ICT平台中，从而扫除数据采集盲区，清除信息孤岛，搭建实时监控、双向互动的智能电网通信平台。

从具体内容上看，如图3-35所示，面向智能电网的物联网结合电网各大环节的应用需求，确立了智能输电、智能变电、智能配电和智能用电四大应用模块，从四大模块的应用需求出发搭建了电力综合信息平台。信息平台数据库作为信息处理的有效载体，紧密结合云计算技术，以实现数据的实时处理分析，通过对海量信息的有效处理实现对包括输电线路、变电站设备、配电线路及配电变压器的实时监测和故障检修，统一调配电力资源，实现与用户的信息双向互动，进而满足高效、经济、安全、可靠和互动的智能电网内部要求。

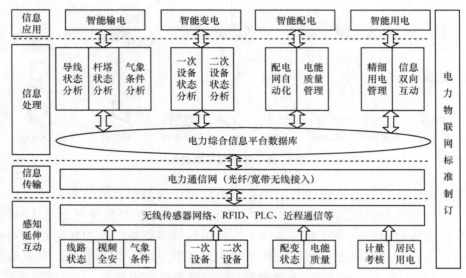

图3-35　面向智能电网的物联网应用架构

　　针对下层的信息处理和信息传输，面向智能电网的物联网应用架构在感知、延伸、互动阶段，利用大面积、高密度、多层次铺设的传感器节点，RFID 标签以及多种标识技术和近距离通信手段实现电网信息的全面采集，针对各个环节的不同特点和技术要求，分别在电力输、变、配、用四大环节搭建传感网络；同时结合多种近程通信技术，通过对数据的大量采集提高信息的准确性，为智能电网的高效节能、供求互动提供数据保障。在信息传输阶段，该架构以电力通信网为信息传输通道，利用光纤或宽带无线接入方式传输输电线路信息、变电站设备状态信息、电力调配信息以及居民用电信息，实现对全网信息的实时监控。

　　根据不同阶段实现功能和支撑技术的差异，结合物联网基本网络模型，面向智能电网的物联网分层架构可被分为感知层、网络层和应用层三层，如图3-36所示。

　　在这里，我们重点介绍感知层的设计。感知层的监测目标包括与电力环节相关的电力对象、家居对象和智能安防等其他对象。电力对象的感知范围涵盖输、变、配、用四大环节中的气象环境、设备状态信息以及用户用电信息；家居对象的感知范围则涵盖家庭水热电表和远程操控的智能家电；而其他对象的感知范围则涵盖各种负责安防监控的传感器、摄像头、RFID 标签等短距离通信设备。从感知对象上采集到的信息经过一定分类和预处理，通过无线自组织传感网、红外通信、现场总线等多种短距离通信手段接入感知终端和互动终端，在终端设备上实现与用户的交互式操作。

　　3. 面向智能电网的物联网应用方案

　　面向智能电网的物联网应用的目标首先在于提高运用电力系统生产环节的信息化与

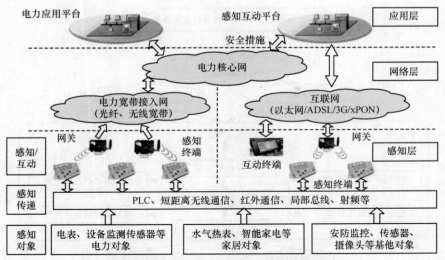

图3-36 面向智能电网的物联网分层架构

自动化程度。这类应用的实现主要依托物联网末端的无线传感器网络，应用场景主要包括高压输电线路，变电站一、二次设备，尤其是一次设备的在线监测，由于以上这些应用对通信的实时性要求不高，而通信节点数量庞大，非常适合采用低成本、低功耗和轻量级的无线传感器网络技术。每个传感器节点采集的信息数据经无线传感器网络传至网关节点，由于网关节点包含数据采集模块、数据处理和控制模块、通信模块和供电模块等，因此可自动对数据进行分类，选择合适的预处理方式，对视频信息、气象信息、线路及设备的运行状态信息进行集中分类和数据融合，这样可以大大减少数据通信量，减轻网关节点的转发负担，减少节点能量消耗。

图3-37是一种适用于智能电网生产环节的传感器系统架构，底层为部署在实际监测环境中的传感器，智能终端，RFID标签等输入、输出实体，向上依次为无线传感器网络、网关节点、接入网和核心网，最终连接至智能电网ICT平台分析处理系统。无线传感器网络利用感知延伸终端的网络节点采集输电、变电和配电环节中的设备状态信息、线路状态信息、气象环境信息和配用电一体化信息，将采集的数据汇聚至网关节点，网关节点将分类预处理后的数据信息传至接入网，进而统一接入电力通信核心网。传感数据通过电力通信专网被发送至后台，数据处理中心进行信息的统一分类、分析和处理，数据经分析处理后，ICT平台发出相关指令，数据按相同方式被逆向传输至终端网络节点，实现对全网的实时监测和故障处理。

本次案例充分考虑了智能电网的特性需求，提出了构建面向智能电网的物联网解决方案，该方案不仅考虑了对现有电力通信网的集成，还利用了物联网的优势，在感知终端实现了对电网信息的全方位采集。构建面向智能电网的物联网平台是一项长期的工程，需要电网信息化程度的不断提高和物联网标准化工作的不断推进。将物联网融入智能电网ICT平台的建设既要立足眼前现实，又要兼顾发展前景；既要满足近期需求，又要适应未来发展。

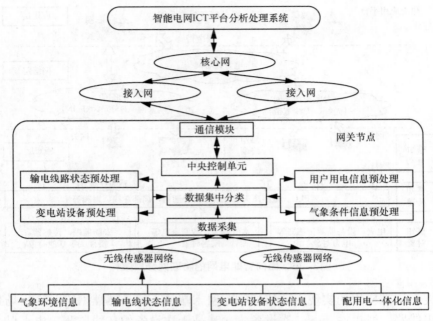

图3-37 面向智能电网的传感器系统架构

3.4.3 任务回顾

知识点总结

1. 通过物联网案例分析，了解物联网感知层传感器的使用、感知技术的使用以及短距离传输技术。

2. 物联网环境智慧校园案例分析。

 学习足迹

任务四学习足迹如图 3-38 所示。

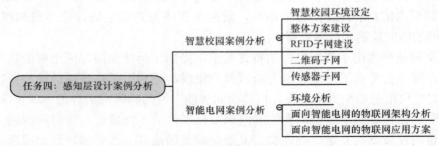

图3-38 任务四学习足迹

思考与练习

1. 熟悉智慧校园案例分析，结合自己学校现有环境，完善物联网校园感知层设计。
2. 案例分析时应该注意哪些要点？如何全面地进行案例分析？

3.5 项目总结

本项目为物联网三层架构中的感知层提供技术支撑以及设计思路。本项目通过前面三个任务，介绍感知层中重要的三种技术。传感器技术、感知技术以及短距离通信技术。通过对三种技术的深入讲解，让学生了解和熟悉传感器、RFID、ZigBee 技术等内容。在任务四中，通过对两个案例的分析，巩固学生对感知层的理解。

通过本项目的学习，提高学生对物联网行业感知层的技术应用能力，提升对物联网行业的结构设计能力。项目 3 项目总结如图 3-39 所示。

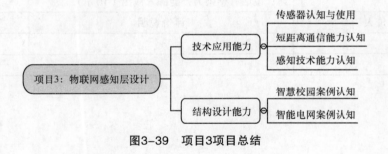

图3-39 项目3项目总结

3.6 拓展训练

自主调研分析：智慧农业感知层设计。

经过国家连续多年的关注和建设，我国农业基础设施已经实现质的飞跃，经过各级政府的共同努力，农田改造、农田灌溉工程、水利治理、农村电网改造建设等方面取得了很大成绩，农业基础设施的现代化已基本实现。本次调研依托现代农业，依据现场环境分析智慧农业的发展状况并阐述其中所涉及的物联网感知层方面的知识。

物联网应用场景调研报告需包含以下内容：

① 对智慧农业现状的分析；
② 分析智慧农业所涉及的感知层架构，并阐述其中运用的技术原理；
③ 根据调研成果，完善智慧农业感知层设计。

◆ **格式要求**：撰写 Word 版本的调研报告，并通过 PPT 进行概括讲解。

◆ **考核方式**：提交调研报告，并采取课内发言的形式，时间要求 5~8 分钟。

◆ **评估标准**：见表 3-13。

表3-13　拓展训练评估标准表

项目名称：物联网应用场景调研报告	项目承接人：姓名：	日期：
项目要求	**评价标准**	**得分情况**
智慧农业概述、整体架构分析（40分）	① 智慧农业现状描述清楚（15分）； ② 整体架构分析准确（15分）； ③ 发言人语言简洁、严谨；言行举止大方得体；说话有感染力，能深入浅出（10分）	
智慧农业感知层分析（60分）	① 感知层架构分析合理（20分）； ② 感知层关键技术介绍完整（15分）； ③ 自主合理地设计智慧农业感知层（15分）； ④ 发言人语言简洁、严谨；言行举止大方得体；说话有感染力，能深入浅出（10分）	
评价人	**评价说明**	**备注**
个人		
老师		

物联网网络层设计

项目引入

上次会议后，感知层的设计工作已经在热火朝天地实施了，工作进展得很顺利，Philip 通知我召集大家开会讨论下网络层的设计方案。网络工程师 Lee 有着丰富的网络层设计经验，对网络层的了解全面而深刻，先听听他是怎么说的吧。

"网络层对于物联网来说十分关键，如果把整个物联网拟人化，那么网络层相当于是贯穿身体的神经网络，负责将传感器采集到的信息进行安全无误地传输，将结果提供给云后台进一步地进行分析处理。物联网的通信环境有 Ethernet、Wi-Fi、RFID、NFC、ZigBee、6LoWPAN、蓝牙、GSM、GPRS、GPS、3G、4G、LoRa、NB-IoT 等很多种网络，有的是传感器到物联网网关的接入协议，有的是物联网网关到云后台的通信协议。接入协议一般负责子网内设备间的组网及通信；通信协议主要是运行在传统互联网 TCP/IP 之上的设备通信协议，负责实现设备通过互联网进行的数据交换及通信。而每一种通信应用协议都有一定适用范围。在进行物联网网络层设计之前，对常用的物联网网络层技术进行了解是非常必要的。"

我对 Lee 的一番话是连连点头，接下来我要按照 Lee 说的，好好去了解下常用的物联网网络层技术。

知识图谱

知识图谱如图 4-1 所示。

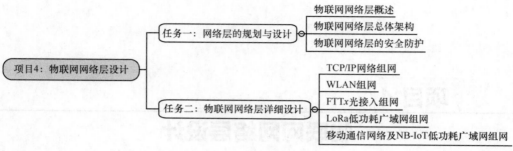

图4-1 知识图谱

4.1 任务一：网络层的规划与设计

【任务描述】

物联网网络层位于物联网三层结构中的第二层，其功能为"传输"，即通过通信网络进行信息传输。网络层作为纽带连接着感知层和应用层，就像人体内的神经网络，将感知层采集到的各种信息准确地传输给应用层。接下来，我们一起来了解物联网网络层规划与设计的基本概念。

4.1.1 物联网网络层概述

1. 物联网网络层基本功能

物联网本身结构复杂、系统多样，较为通用的定义是将物联网的结构分为感知层、网络层、应用层三个层次。网络层是物联网无处不在的前提，也是物联网成为普遍服务的前提，而网络层的核心则是各类接入网络和业务支撑运营平台。网络层的基本功能架构如图4-2所示。

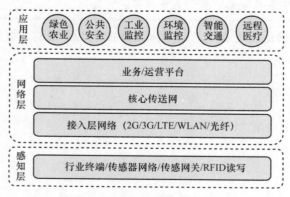

图4-2 网络层的基本功能架构

物联网网络层在网络实体中可被理解为服务于物联网信息汇聚、传输和初步处理的网络设备和平台。它作为连接感知层和应用层的纽带，一般由各企业私有网络、互联网、有线网和无线通信网（2G/3G/4G/Pre 5G/NB-IoT/LoRa）等组成，它相当于人的神经中枢系统，负责将感知层获取的信息，安全可靠地传输到应用层，然后根据不同的应用需求进行信息处理。

物联网网络层包含接入网和传输网，分别实现接入功能和传输功能：传输网由公网与专网组成，典型的传输网包括电信网（PSTN、ISDN 固网、移动通信网）、广电网、互联网；接入网包括无线通信网（NB-IoT/LoRa）、FTT*x* 光纤接入（EPON/GPON）、WLAN接入、ADSL、VDSL、Cable-Modem 以太网等各类接入方式，甚至包括实现底层的传感器网络、RFID "最后一公里"的接入网络。

2. 物联网网络层特点概述

（1）物联网网络层技术组网特点

物联网网络层组网最突出的特点是组网接入方式多，从无线的 WLAN、NB-IoT、LoRa，到有线 FTT*x*、有线双绞线 ADSL 解决方案等，而且技术发展演进更新快，新技术层出不穷。

而实质上，物联网的网络层基本上综合了众多的网络形式，来构建更加广泛的互联。而每种网络都有自己的特点和应用场景，所以互相组合才能发挥出最大的作用。因此在实际应用中，信息往往经由任何一种网络或几种网络组合的组合式网络进行传输。

物联网网络层的演进特点如图 4-3 所示，呈现向 IPv6 网络、低功耗局域网发展的趋势。伴随着上层业务驱动与技术的发展，物联网网络层承担的数据量更大，并且对服务质量的要求更高，物联网需要对现有网络进行融合和扩展，利用新技术以实现更加广泛和高效的互联功能。物联网网络层作为极其关键的一层，自然也成了各种新技术融合的舞台，如 4G/ Pre 5G/5G 技术、LoRa、NB-IoT、WLAN、WiMAX 技术等。

物联网开启了 "万物互联" 的时代。既然是 "万物互联"，首要解决的是 "物" 与 "网"的连接问题，所以我们认为 "连接技术" 决定了物联网发展的走向。

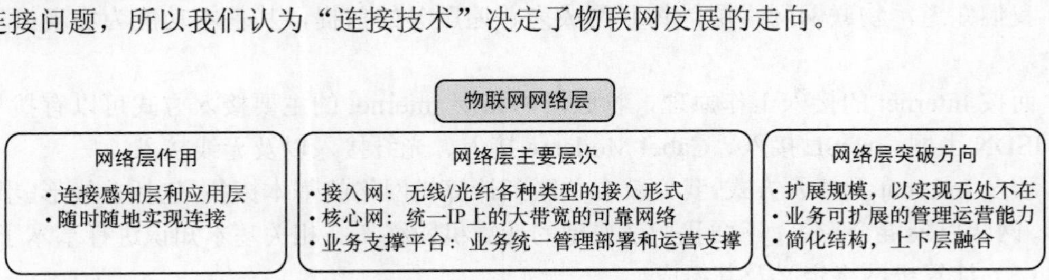

图4-3 网络层的演进特点

（2）物联网网络层产业链分布特点

从图 4-4 中我们可以看出，物联网是一个产业链非常长且构成很复杂的产业，标准化、开放和协同是其发展的关键。

① 标准化：它是标准的协议和标准的价值链模式，是产业链各环节进行联合的基础，也是精确分工和联合的前提。

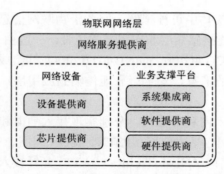

图4-4　物联网网络层产业链分布现状

②　开放：它是产业核心利益之争，即行业专业领域的封闭性将是物联网模式的最大挑战。

③　协同：各环节厂商竞争力各有所长，只有各环节强强联合，优势互补，才能提供完整的解决方案。

而从表4-1中我们可以看出各厂商对物联网网络层的布局规划有所不同，但各厂商大都处于起始布局阶段，国内厂商大都呈"全面布局起步"特点，国际厂商则呈"从优势出发布局"特点。

表4-1　各厂商物联网网络层布局规划要点

	华为	中兴	爱立信	诺西	Cisco	Intel
网络层业务布局	移动网络&宽带接入网络M2M业务平台	移动网络&宽带接入网络M2M业务平台	移动网络&宽带接入网络M2M业务平台	移动网络M2M业务平台	IP核心网络IPv6和μIPv6栈	WiMax移动通信芯片

3. 网络层基本拓扑结构

我们知道，物联网网络层是物联网成为普遍服务的前提，其基本功能为实现接入和传输。

而按Internet的接入工作原理，物联网网络层Internet的主要接入方式可以有拨号上网、ISDN上网、xDSL接入、Cabel Modeme接入、光纤接入以及无线接入。

谈及Internet及接入方式，我们就会关联到计算机网络的基本拓扑，包括总线形、星形、环形、网状以及混合形等，下面我们就典型的计算机网络拓扑相关基本知识进行基本了解。

（1）计算机网络定义及其组成

网络定义：利用通信设备和线路将地理位置不同、功能独立的多个计算机系统相互联系起来，以功能完善的网络软件实现资源共享和信息传递。

网络组成：计算机网络通常由三个部分组成，即通信子网、资源子网和通信协议。通信子网是计算机网络中负责数据通信的部分；资源子网是计算机网络中面向用户的部分；通信协议是通信双方必须共同遵守的规则和约定。

（2）网络的基本拓扑结构

网络从网络节点分布来看，分为局域网、广域网和城域网；按交换方式来看，分为线路交换网络、报文交换网络和分组交换网络；按网络拓扑结构则可分为总线形结构、星形结构、环形结构、网状结构、混合形结构等。

1）总线形网络结构

总线形网络结构如图 4-5 所示。

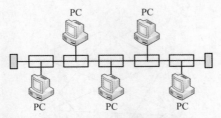

图4-5　总线形网络结构

总线形网络结构采用单根数据传输线作为通信介质，所有的站点都通过相应的硬件接口直接连接到通信介质。

2）星形网络结构

星形网络结构如图 4-6 所示。

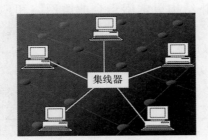

图4-6　星形网络结构

星形结构的网络中，每一台设备都通过传输介质与中心设备相连，而且每一台设备只能与中心设备交换数据。

3）环形网络结构

环形网络结构如图 4-7 所示。

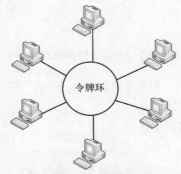

图4-7　环形网络结构

　　环形网络结构是由一些中继器和连接到中继器的点到点链路组成的一个闭合环。在环形网络结构中，所有的通信共享一条物理通道。

　　4）网状网络结构

　　网状网络结构如图4-8所示。

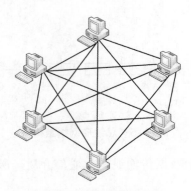

图4-8　网状网络结构

　　网状拓扑结构将网络中站点实现点对点的连接。虽然一个简单的局域网可以是一个网状网络，但这种拓扑结构更常用于企业级网络和广域网，因特网就是网状广域网。

　　5）混合型网络结构（以层次结构为例）

　　混合型网络结构如图4-9所示。

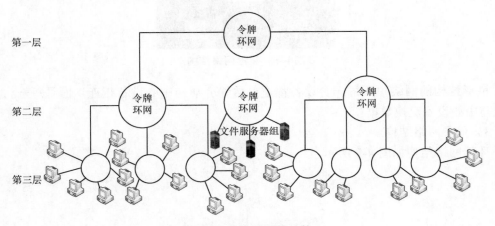

图4-9　混合型网络结构

　　基于拓扑结构层次化的混合型网络结构有以下几种优点：

　　① 可对不同的组进行带宽隔离；

　　② 易于增加或隔绝不同的网络组；

　　③ 易于与不同的网络类型互连。

　　因此，层次拓扑结构构成了高速局域网和广域网设计的基础。

4.1.2　物联网网络层总体架构

1. 总体架构拓扑示意

物联网网络层总体架构拓扑示意如图 4-10 所示。

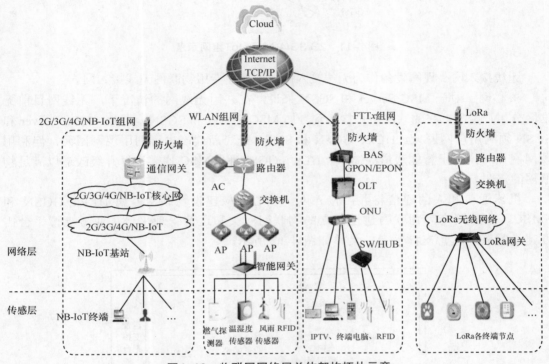

图4-10　物联网网络层总体架构拓扑示意

从图 4-10 中我们可以看到，网络层在网络架构功能上是实现物联网系统的网络基础，包括局域网、互联网的分工、布局、协调与链接设计。而传感器/敏感器件等技术和设备，通过互联网、电信网实现物与物、物与人之间的信息交互，支持智能的信息化应用，实现信息基础设施与物理基础设施的全面融合。网络层主要涉及数据的接入、传输以及处理，包括由无线、有线组成的内部网络以及因特网、移动网等外部网络。

2. 典型拓扑组网解决方案概述

物联网网络层涉及的技术领域非常广泛，而且交叉性比较强，其较为核心的技术集中在无线通信技术和网络技术中，以下就物联网网络层架构中常见的几种典型组网解决方案进行介绍和分析。

（1）2G/3G/4G/NB-IoT 组网

目前移动运营商主要利用已有的 2G/3G/4G/NB-IoT 移动通信网为物联网用户提供服务，物联网终端与手机终端使用相同的 MSISDN 和 IMSI，其签约信息与手机用户都在现网 HLR 中。物联网终端通过 2G/3G/4G/NB-IoT 无线网、核心网、短消息中心、行业网关与物联网应用平台互通，使用业务，图 4-11 所示为 2G/3G/4G/NB-IoT 组网示意。

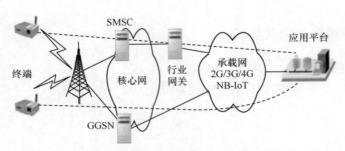

图4-11　2G/3G/4G/NB-IoT组网示意

无线接入网：现网设备作为无线接入网，不新建专用物联网无线接入网。

核心网：对于 MSC Server 和 SGSN 来说，在共用无线网的情况下，无线网目前无法区分用户类型，将物联网用户接入到专属 MSC Server 和 SGSN，因此，MSC Server 和 SGSN 须利用现网网元。HLR、GGSN 和 SMSC 既可新建，也可利用现网网元，但利用现网网元时，由于智能通道的需求，HLR、GGSN 和 SMSC 均需进行升级改造以满足物联网的需要。

机器通信和人的通信将共用接入网，核心网应建设物联网专属 HLR、GGSN 和 SMSC，业务网应为物联网建设独立的物联网网关和运营管理平台，业务支撑平台需要建设物联网运营支撑平台，具体如图 4-12 所示。

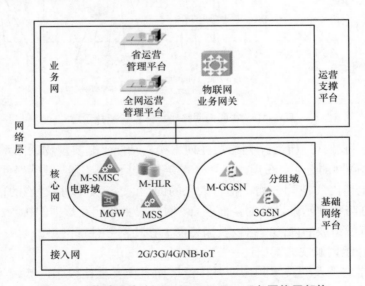

图4-12　移动通信（2G/3G/4G/NB-IoT）网络层架构

（2）WLAN 组网

随着无线网络和物联网应用的不断发展，WLAN（Wireless Local Area Networks，无线局域网）产品架构形态朝着分层架构的方向发展，从最初的 Fat AP 的单一层次架构演变为 AC+Fit AP 的两层架构，直到有线无线一体化分层架构逐渐演变成了由网络控制层、本地控制层和物理层组成的三层架构，WLAN 分层架构组网如图 4-13 所示。

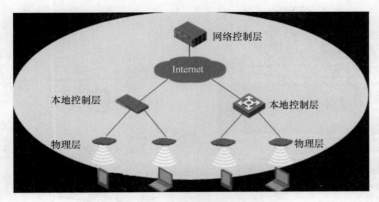

图4-13 WLAN分层架构组网

1）网络控制层

网络控制层主要负责统一管理配置下发、版本升级、集中认证、整网数据管理等内容。其对设备的计算能力要求较高，设备既可以是传统的高性能物理 AC，也可以是以软件形态运行于服务器上的虚拟 AC。虚拟 AC 如果运行在公有云之上，则可被称为云 AC。

2）本地控制层

本地控制层主要实现本地认证、CAPWAP 隧道终结、漫游等操作。本地控制层采用一体化的用户策略，同时支持有线及无线用户接入网络，本层设备可以根据不同的实际应用场景进行不同的选择，设备既可以是普通 AC，也可以是集成多种业务功能的 All in One 设备，例如支持路由、DPI、交换机等。

3）物理层

物理层对应的设备即 AP，主要处理无线报文收发及单一节点操作等实时性业务，例如：攻击检测、信道扫描、逐包功率调整、本地数据转发等。

（3）NB-IoT 和 LoRa 网络异同

LoRa（Long Range）是一种基于扩频技术的超远距离无线传输技术，它主要在全球免费频段运行，即非授权频段，包括 433 MHz、868 MHz、915 MHz 等。LoRa 网络由终端（内置 LoRa 模块）、网关（或称基站）、服务器和云 4 部分组成，应用数据可进行双向传输。

NB-IoT（Narrow Band Internet of Things）构建于蜂窝网络，只消耗大约 180kHz 的带宽（所以被称作窄带），可直接部署于 GSM 网络、UMTS 网络或 LTE 网络，以降低部署成本、实现平滑升级。2014 年 5 月，华为提出了窄带技术——NB M2M；2015 年 5 月，华为融合 NB OFDMA 形成了 NB-CIoT；7 月，NB-LTE 与 NB-CIoT 进一步融合形成 NB-IoT。NB-IoT 标准在 3GPP R13 中出现，于 2016 年 6 月份冻结。NB-IoT 网络架构分为感知层、网络层和应用层，感知层负责采集信息，网络层提供安全可靠的连接、交互与共享，应用层对大数据进行分析，提供商业决策。

NB-IoT 和 LoRa 两种网络的典型组网架构对比，如图 4-14 所示。

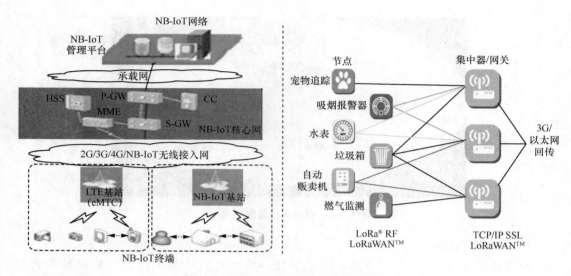

图4-14 NB-IoT与LoRa组网架构对比

LoRa 与 NB-IoT 是最有发展前景的两种低功耗广域网通信技术，LoRa 和 NB-IoT 的应用可能会有很多重叠，不过 NB-IoT 由运营商来主导，二者的网络技术参数对比如图 4-15 所示。

技术参数	NB-IoT	LoRa
技术特点	蜂窝	线性扩频
网络部署	与现有蜂窝基站复用	独立建网
频段	运营商频段	150 MHz~1GHz
传输距离	远距离	远距离（1~20 km）
速率	<100 kbit/s	0.3~50 kbit/s
连接数量	200 k/cell	200 k~300 k/hub
终端电池工作时间	约10年	约10年
成本	模块US$5~10	模块约US$5

图4-15 NB-IoT与LoRa网络技术参数对比

总结起来，LoRa 相对于 NB-IoT 的特点为：

① LoRa 基于 Sub-GHz 的频段，因此更易以较低功耗进行远距离通信，可以使用电池供电或者其他能量收集的方式供电；

② LoRa 较低的数据速率也延长了电池寿命并增加了网络容量；

③ LoRa 信号的波长较长，因此其穿透力与避障能力较强；

④ LoRa 专用网关可以根据现场和客户需求扩展出更多自定义功能，如广告推送、多种网络接入等。

因为易于建设和部署，LoRa 得到越来越多国内公司的关注和跟进，例如：国内的老牌数通厂商锐捷网络已开发和研究多个基于 LoRa 的解决方案，包括物联网智能抄表应用、物联网智能停车应用、物联网智能井盖监控、物联网智慧路灯监控等。

（4）FTTx 光接入组网

在全球运营商致力于提升网络带宽供应能力和业务供应能力的大背景下，"光进铜退"

成为大势所趋，而作为新一代光纤用户接入网的 FTTx（Fiber To The x），因能为用户提供高带宽、全业务的接入平台解决方案而得到广泛应用，其在物联网网络层中也是常见的组网方式。

根据光纤和铜线的灵活组合，FTTx 提供 FTTB、FTTC、FTTN、FTTH 等多种解决方案，其中，FTTH 是接入层网络最终要实现的目标，在这个目标实现过程中，FTTB/C、FTTN 将作为过渡解决方案，满足部分区域和用户的接入需求，同时，考虑到网络演进和融合，FTTB/C、FTTN 具有向 FTTH 演进的能力，因此，在光纤条件具备的情况下，其可通过软件升级和设备单板优化实现向 FTTH 的过渡，如图 4-16 所示。

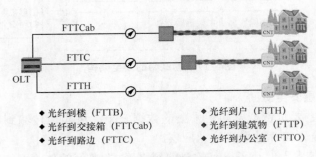

◆ 光纤到楼（FTTB）　　　　　◆ 光纤到户（FTTH）
◆ 光纤到交接箱（FTTCab）　　◆ 光纤到建筑物（FTTP）
◆ 光纤到路边（FTTC）　　　　◆ 光纤到办公室（FTTO）

图4-16　FTTx架构的几种变形

（5）PON 接入网技术

在众多 FTTx 实现方案中，点到多点（P2MP）光纤接入方式——PON（Passive Optical Network，无源光网络）采用点到多点的拓扑结构，利用光纤和以太网技术的优势，可以在局端机房和终端客户现场之间配置宽带接入光纤线路。其在传输中只需要具备无源器件，可节省成本并减免后期维护，因此是 FTTx 的最佳选择，PON 是未来光纤接入技术的主流模式。

PON 技术主要有 EPON 和 GPON，二者采用不同标准，其中 EPON 是千兆以太网技术与 PON 的结合，具有技术简单、成本低的优点；而 GPON 支持 TDM 业务，能够同时承载 ATM 信元，并具备提供优秀服务、支持 QoS 保证和全业务接入的能力，GPON 的技术特征主要呈现在传输汇聚层，其设备价格较昂贵。

4.1.3　物联网网络层的安全防护

物联网的体系结构通常包括三个层次：感知层、网络层、应用层，物联网的安全架构可以根据物联网的架构被分为感知层安全、网络层安全和应用层安全，如图 4-17 所示。

物联网系统安全的内容和一般的 IT 系统安全的内容基本一致，主要有 8 个尺度：读取控制、隐私保护、用户认证、不可抵赖性、数据保密性、通信层安全、数据完整性、随时可用性；前 4 项主要位于物联网三层架构中的应用层，后 4 项主要位于网络层和感知层。

物联网的每个网络层次都会受到不同的安全威胁，感知层存在终端设备的物理安全、隐私泄露等问题；网络层存在数据破坏等问题；应用层存在身份造假、非法接入等问题。下面我们就从物联网网络层上已发生的典型安全事件入手分析物联网的安全威胁。

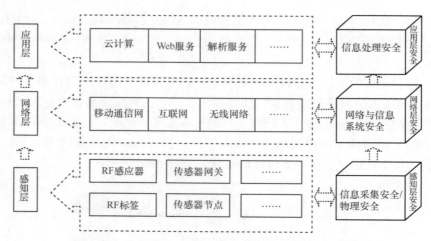

图4-17　物联网的安全架构

1. 物联网网络层安全威胁

物联网网络层主要负责把感知层采集的数据安全、可靠地传输到应用层，或者将应用层的指令数据安全、可靠地发送给感应层。

物联网网络层基本上综合了已有的全部网络形式，典型的传输网络有互联网、广电网、电信网、专用网；典型的接入网形式包括光纤接入、无线接入、以太网接入、卫星接入等，每种网络都有自己的特点和应用场景，互相组合才能发挥最大的作用。而在实际应用中，数据往往经由一种网络或几种不同架构的网络进行传输，所以与现有的网络环境安全性相比，物联网网络层安全性方面会面临更大的挑战。物联网网络层存在的安全问题有以下几个典型的方面。

（1）DoS、DDoS 攻击

物联网中节点数量庞大，并且以集群形式组网，当这些 IoT 设备连接到互联网时，互联网中存在的 DoS、DDoS 攻击也会出现在物联网中。如 2016 年 10 月，恶意软件 Mirai 控制僵尸网络对美国域名服务器管理服务供应商 Dyn 发起 DDoS 攻击，Dyn 服务器被攻击导致亚马逊、GitHub、Twitter、Airbnb、Reddit、Freshbooks、Heroku、SoundCloud、Shopify 等数百个重要网站无法访问，美国主要公共服务、社交平台、民众网络服务瘫痪，此次事件仅 Dyn 一家公司的直接损失就超过了 1.1 亿美元。近年来，Mirai、Hajime、LuaBoTD 等恶意软件入侵一些路由器、数字录像机（DVR）、网络摄像头或其他连接在互联网上的 IoT 设备，通过数量众多的 IoT 设备形成僵尸网络来对目标网络进行 DDoS 攻击的事件越来越常见。

（2）数据传输安全威胁

数据传输也是物联网体系中的重要一环，典型的传输网络包括互联网、广电网、电信网、专用网等多种异构网络，其所面临的安全问题也更加复杂，算法破解、协议破解、证书破解等诸多攻击方式正在威胁着物联网安全。现在，越来越多的黑客开始瞄准通信传输协议进行破解攻击，黑客只要破解通信传输协议，就可以直接读取其所传输的数据信息，并任意进行篡改、屏蔽等操作。据悉，目前已有黑客通过分析、破解智能平衡车、无人机等物联网设备的通信传输协议，实现了对物联网终端设备的入侵和劫持。

（3）假冒攻击、中间人攻击

物联网网络采用开放性架构，系统接入和互联方式更具多样性，终端设备安全能力薄弱，信息交换成为安全性的薄弱点，尤其是网络认证方面，容易出现假冒攻击、中间人攻击等，通过这种方式，攻击者可以获得大量的用户数据用于非法交易。

2. 物联网网络层安全防护

网络层安全防护的主要目的是保护物联网网络通信的安全，实现感知层数据对网络的安全接入，保障网络运行的安全、可靠，确保不同网络安全地实现互联互通。相应的安全技术主要包括接入网安全技术和互联网安全技术。接入网安全技术主要有 WLAN 安全技术、WiMAX 安全技术、LTE 等无线接入安全技术。

互联网是物联网的核心，互联网中出现的安全威胁依旧会出现在物联网中，所以目前在物联网上应用的安全防护措施仍然会借鉴互联网安全的保护技术，这些技术主要包括防火墙技术、入侵检测技术、DPI 技术、恶意代码检测技术、病毒防护技术等，如图 4-18 所示。

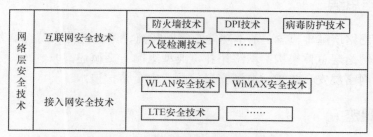

图4-18　物联网网络层安全技术

（1）防火墙技术

防火墙技术是一种计算机硬件和软件相结合的技术，是通过在受保护内网和外网之间构造一个保护层，把攻击者挡在受保护网之外的一种技术。防火墙包括工作在网络层的防火墙和工作在应用层的防火墙，其中，网络层防火墙主要通过分组过滤技术对传输的信息进行过滤，它在网络的出口对通过的数据进行选择，只有满足条件的数据包才可以通过，否则就被抛弃。物联网网络层中设置了能够识别特定网络协议的防火墙，可以大大提升网络安全。此外，物联网环境中存在很小但很关键的设备接入网，这些设备通常由 8 位 MCU 控制，可以实现 TCP/IP 协议栈，所以也有方案将防火墙集成到 MCU 中，提供基于规则的过滤和基于门限的过滤，防火墙控制嵌入式系统处理数据包的锁定非法登录尝试、拒绝服务攻击等其他常见的网络威胁，保障物联网安全。

（2）DPI（深度包检测）技术

互联网环境中防火墙通常检测网络的安全风险，但是这样的防火墙针对的是 TCP/IP，而物联网环境中的网络协议通常不同于传统的 TCP/IP，如工控中的 Modbus 协议等，这使得防火墙控制整个网络风险的能力大打折扣。因此，需要开发能够识别特定网络协议的防火墙，而与之相对应的技术则为 DPI（Deep Packet Inspection，深度包检测）技术。

DPI 技术是一种流量检测和控制技术，当 IP 数据包、TCP 或 UDP 数据流通过基于 DPI 技术的带宽管理系统时，该系统通过深入读取 IP 包载荷的内容来对 OSI 七层协议中的应用层信息进行重组，从而得到整个应用程序的内容，然后按照系统定义的管理策略对流量进行整形操作。

在工业物联网中，采用 DPI 技术的工业防火墙有效扩展了网络情况的可见性，它支持对通信模式的记录，可在一系列安全策略的保护之下提供决策制订所需的重要信息。用户可以记录任意网络连接或协议（如 Ethernet/IP）中的数据，包括通信数据的来源、目标以及相关应用程序。

在融合以太网架构的工业区域和单元区域之间，采用 DPI 技术的车间应用程序能够指示防火墙拒绝某个控制器的固件下载的过程，这样可防止固件滥用，有助于保护运营的完整性，注意，只有授权用户才能执行下载操作。

4.1.4 任务回顾

知识点总结

1. 物联网网络层基本概念：基本功能、组网特点、产业链分布特点、基本拓扑结构。
2. 物联网网络层总体架构：网络拓扑、典型组网方案概述。
3. 物联网网络层安全防护：典型安全问题、安全防护技术。

学习足迹

任务一学习足迹如图 4-19 所示。

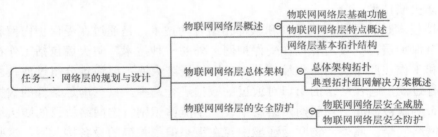

图4-19 任务一学习足迹

思考与练习

1. 物联网系统的安全内容和一般的 IT 系统的安全内容基本一致，主要有 8 个尺度：读取控制、隐私保护、用户认证、不可抵赖性、_____、通信层安全、数据完整性、随时可用性。

2. 计算机网络通常由三个部分组成，即通信子网、资源子网和_____。

3. DPI 技术是一种_____技术，当 IP 数据包、TCP 或 UDP 数据流通过基于 DPI 技术的带宽管理系统时，该系统通过深入读取 IP 包载荷的内容来对 OSI 七层协议中的应用层信息进行重组，从而得到整个应用程序的内容，然后按照系统定义的管理策略对流量进行整形操作。

4.2 任务二：物联网网络层详细设计

【任务描述】

物联网网络层基本上综合了已有的全部网络形式，以此来构建更加广泛的"互联"。每种网络都有自己的特点和应用场景，互相组合才能发挥出最大的作用，因此在实际应用中，信息往往经由任何一种网络或几种网络组合的网络形式进行传输。接下来让我们一起详细地了解一下物联网网络层的常用组网技术吧。

4.2.1 TCP/IP网络组网

1. TCP/IP 协议栈简介

物联网中联网的目的是将物联网设备中传感器获取的物理数据传输到应用程序或服务，以方便其进行分析。物联网传感器中的代码会确定数据的格式，并将数据封装来作为无线电波传输并发送到接收网关，在那里数据会被重新建构和发送以进行交付。

物联网通信协议分为两大类，一类是接入协议，另一类是通信协议：接入协议一般负责子网内设备间的组网及通信；通信协议主要是运行在传统互联网 TCP/IP 之上的设备通信协议，负责设备通过互联网进行的数据交换及通信。

在互联网时代，TCP/IP 已经"一统江湖"，现在的物联网的通信架构也是构建在传统互联网基础架构之上的。从 Web 端、移动端到云后台，云到物联网网关的网络都已经实现 IP 标准化，无论是 HTTP、Websocket、XMPP、COAP，抑或是现在最流行的 MQTT 协议，参考 OSI 模型，作为物联网的常用应用层协议的它们基本都是基于 TCP/IP 的。所以，学习物联网网络层设计对于了解 TCP/IP 网络组网很有必要。

TCP/IP（Transmission Control Protocol/Internet Protocol）是 Internet 最基本的协议，简单地说，其是由底层的 IP 和 TCP 组成的。TCP/IP 协议栈具有简单的分层设计，与 OSI 参考模型有清晰的对应关系，如图 4-20 所示。

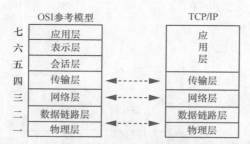

图4-20 TCP/IP协议栈与OSI参考模型的对应关系

TCP/IP 协议栈各层的功能如下。

① 应用层：处理网络应用，为应用系统提供网络服务。

② 传输层：建立端到端连接，完成数据流的分段和重组，提供可靠的端到端传输。

③ 网络层：寻址和路由，确定数据从一处传输到另一处的最佳路径。

④ 数据链路层：介质访问控制，提供通过介质的传输控制，如差错和流量控制等。

⑤ 物理层：二进制位流传输，激活和维持系统间的物理链路。

各层的具体功能如图 4-21 所示。

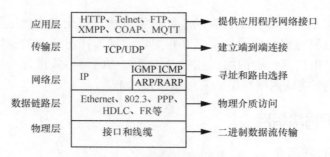

图4-21 TCP/IP协议栈各层功能

篇幅所限，对于 IP 分组格式、TCP/UDP 报文格式、连接的建立与拆除、动态路由协议等其他更多知识，这里就不进行详细介绍了。

2. 局域网组网技术

局域网指的是一个小范围内的网络系统，大到园区网或企业网，小到由几台计算机组成的网络系统。局域网组网设备包括以下三种。

① 路由器：第三层设备，实现路由确定和网络互联。

② 交换机：第二至第四层设备，为网段或计算机提供专用带宽，其中第三、四层交换机还具有路由功能。

③ 集线器：集中局域网连接，是物理层设备，相当于一条总线，当前绝大部分局域网都是基于以太网技术的，包括快速以太网技术和千兆以太网技术。

以太网面临最大的问题是介质共享，单总线以太网是一个冲突域，网络中主机数大量增加时，冲突激增，性能也会急剧下降。分段是减少冲突、提高以太网性能的有效方法，每个段使用 CSMA/CD（载波侦听 / 冲突检测）存取方法维持段上用户之间的流量，在一个段内较少用户共享同一带宽资源。

（1）路由器分段

路由器分段如图 4-22 所示。

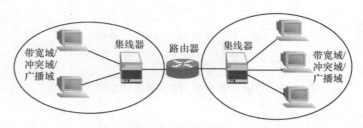

图4-22 路由器分段

　　路由器在网络层操作，段之间的传送基于 IP 地址，一个路由器端口的连接组成一个广播域，是最高层次的分段。路由器端口通过一集线器连接所有计算机，集线器相当于一条总线，代表一个带宽域，即所连设备共享同一带宽，因此也是一个冲突域，性能受集线器的制约。路由器的一个端口相对来说比较昂贵，且端口上的数据交换速度较慢。

（2）交换机分段

　　交换机把无线局域网分成了若干微分段，在一个大的冲突域中产生无冲突域，是解决以太网访问冲突问题的有效方法，如图 4-23 所示。

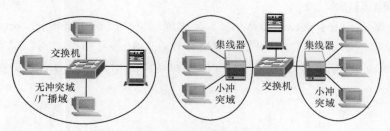

图4-23　交换机分段

　　交换机的每一个端口是一个冲突域，在无冲突域连接的情况下，以太网交换提高了网络上的可用带宽，每台主机独享一个交换机端口的带宽，在主机与主机、主机与服务器之间创建了点到点的通信连接。主机经集线器汇接后接入交换机时，由于冲突域缩小，网络性能也会有所提高。与路由器分段相比，交换机在第二层交换数据，速度相对较快。

（3）VLAN 分段

　　VLAN 以交换式网络为基础，把网络上的主机按需要分为若干个逻辑工作组，每个逻辑工作组就是一个 VLAN。VLAN 提供了一种控制广播信息的方法，不用路由器就可以抑制广播风暴。一个 VLAN 中的主机可以处在不同的物理网络上，它们不受物理位置的限制。不在同一 VLAN 的用户要访问 VLAN 中的主机必须经过路由器，因此网络的安全性增强了。使用 VLAN 可以减少站点的移动并改变位置的开销，当终端设备移动时，它的 IP 地址无需被修改，用户所加入的虚拟网发生变更时，物理连接不必改变，如图 4-24 所示。

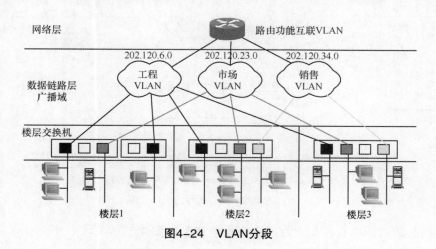

图4-24　VLAN分段

1）静态 VLAN

静态 VLAN 按交换机端口划分 VLAN，一个楼层中同一逻辑组的主机接入同一端口，其优点在于 VLAN 易于管理、VLAN 之间安全性高。

2）动态 VLAN

动态 VLAN 按主机 MAC、IP 或数据包的协议类型划分 VLAN，其优点为用户配线时增加和删除操作不需要额外的管理，但在使用 VLAN 管理软件建立和管理用户数据库时需要做大量的工作。

3. 广域网组网技术

广域网（Wide Area Network，WAN）又称远程网（Long Haul Network），是覆盖广阔地理区域的数据通信网，广域网技术主要体现在 OSI 参考模型的底二层（有的涉及第三层，如 X.25）。图 4-25 展示了局域网及广域网链路层和物理层与 OSI 参考模型的对应关系。

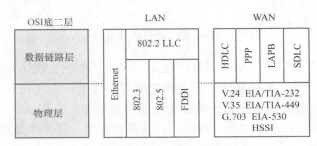

图4-25　局域网及广域网底层技术对比

广域网结构如图 4-26 所示。

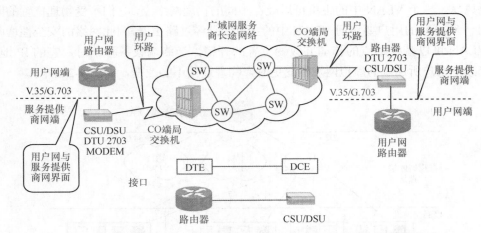

CSU/DSU — Channel Service Unit/Data Service Unit（信道服务单元/数据服务单元）
DTE — Data Terminal Equipment（数据终端设备）
DCE — Data Circuit-terminating Equipment（数据电路端接设备）

图4-26　广域网结构

广域网的通信线路有两类：专线和交换连接，如图 4-27 所示。

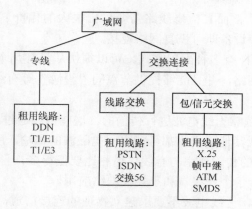

图4-27　广域网通信线路种类

（1）专线

专线又称作提供永久服务的租用线。专线常用于数据、话音、实时图像和视频传输。当使用专线连接时，每个连接需要独立的路由器端口、CSU/DSU设备和服务提供商提供的线路。

（2）交换连接

交换连接包括包交换连接和电路交换连接两种。包交换是一种广域网交换方式，网络设备共享一条点到点的线路，将包从源经过通信网传送到目的地，线路如X.25、帧中继等。电路交换是一种广域网交换方式，它在每次通信时建立，通信结束时撤销，操作类似电话呼叫，线路如PSTN和ISDN等。

4.2.2　WLAN组网

WLAN（Wireless Local Area Networks，无线局域网）是利用射频（Radio Frequency，RF）技术的网络，是使用电磁波取代双绞铜线所构成的局域网络，它可以在空中进行通信连接，实现"信息随身化、便利走天下"的理想目标。

1. WLAN 的优缺点

作为有线数据通信的补充及延伸，WLAN有自己的优点及缺点。

（1）优点

① 灵活性和移动性：在有线网络中，网络设备的安放位置受网络位置的限制，而WLAN在无线信号覆盖区域内的任何一个位置都可以接入网络。

② 安装便捷：WLAN因为对基础设施的依赖很低，可以最大程度地减少网络布线的工作量，一般只要安装一个或多个接入点设备，就可建立覆盖整个区域的局域网络。

③ 移动性：连接到WLAN的用户可以移动且能同时与网络保持连接。

④ 易于进行网络规划和调整：对于有线网络来说，办公地点或网络拓扑的改变通常意味着重新建网，重新建网是一个昂贵、费时、浪费和繁琐的过程，而使用WLAN就可以避免或减少以上情况的发生。

⑤ 故障定位容易：有线网络一旦出现物理故障，尤其是由于线路连接不良而造成的

网络中断，往往很难查明，而且检修线路需要付出很大的代价；无线网络则很容易进行故障定位，只需更换故障设备即可恢复网络连接。

⑥ 易于扩展：WLAN 有多种配置方式，可以很快从只有几个用户的小型局域网扩展到拥有上千用户的大型网络，并且能够提供节点间"漫游"等有线网络无法实现的特性。

（2）缺点

① 性能：WLAN 是依靠无线电波进行传输的，这些电波通过无线发射装置进行发射，而建筑物、车辆、树木或其他障碍物都可能阻碍电磁波的传输，所以会影响网络的性能。

② 速率：无线信道的传输速率与有线信道相比要低得多，目前，WLAN 的最大传输速率为 54Mbit/s，只适合于个人终端和小规模网络应用。

③ 安全性：本质上，无线电波不要求建立物理的连接信道，无线信号是发散的；从理论上讲，无线电波广播范围内的任何信号很容易被监听，容易造成通信信息泄漏。

2. WLAN 协议

WLAN 技术中最出名的技术就是 Wi-Fi 技术，它是 IEEE 802.11b 的别称，其实除了 802.11b 还有 802.11、802.11a、802.11g、802.11n 等协议。IEEE 802.11 是无线局域网通用的标准，它是由 IEEE 所定义的无线网络通信的标准。

IEEE802.11 是 IEEE 最初制定的一个 WLAN 标准，主要用于解决办公室局域网和校园网中用户与用户终端无线接入的需求，业务主要限于数据访问，速率最高只能达到 2Mbit/s。由于它在速率和传输距离上都不能满足人们的需要，所以 IEEE802.11 标准被 IEEE802.11b 标准所取代了。

1999 年，IEEE802.11a 标准制定完成，该标准规定 WLAN 工作频段为 5.15~5.825GHz，数据传输速率达到 54Mbit/s~72Mbit/s（Turbo），传输距离控制在 10~100m。该标准也是 IEEE802.11 标准的一个补充，扩充了标准的物理层，采用正交频分复用（OFDM）的独特扩频技术，采用 QFSK 调制方式，可提供 25Mbit/s 的无线 ATM 接口和 10Mbit/s 的以太网无线帧结构接口，支持多种业务如话音、数据和图像等，一个扇区可以接入多个用户，每个用户可带多个用户终端。

目前，IEEE 推出最新版本 IEEE802.11g 认证标准，该标准提出的传输速率与 IEEE802.11a 的相同，安全性比 IEEE802.11b 好，采用两种调制方式，含 IEEE802.11a 中采用的 OFDM 与 IEEE802.11b 中采用的 CCK，可实现与 IEEE802.11a 和 IEEE802.11b 的兼容。

3. WLAN 组网方式

虽然 WLAN 是一种局域网络，但是在实际应用中，WLAN 可以被作为基础接入网而实现组网以接入 IP 网络。组网时，STA 与 AP 相连，而 AP 经由无线接入控制器和宽带远程接入服务器接入 IP 网络，用于安全认证的认证服务器和动态 IP 分配服务器则均位于 IP 网络中。根据无线接入控制器位置的不同，WLAN 组网方式也分为多种。

WLAN 的组网方式从组网模式上大致可以分为两种：点对点无线网络和集中控制式网络。

（1）点对点无线网络

点对点无线网络是一种对等式的移动网络，没有有线基础设施的支持，网络中的节点均由移动主机构成；网络中不存在无线 AP，通过多张无线网卡自由地组网实现通信。点对点无线网络基本结构如图 4-28 所示。

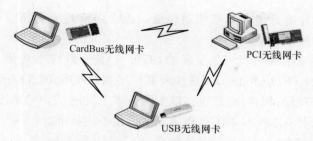

图4-28 点对点无线网络基本结构

这种点对点的组网方式省去了无线 AP，所以网络的架构过程变得十分简单。但是由于传输距离的限制，这种组网方式只适合一些简单甚至临时性的无线互联需求。

（2）集中控制式网络

集中控制式网络是一种整合有线和无线的混合应用组网方式。在这种组网方式下，无线网卡与无线路由器进行无线连接，无线路由器同时也可以通过网线与设备进行有线连接，基本结构如图 4-29 所示。

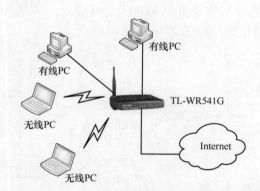

图4-29 集中控制式网络基本结构

在这种组网方式下，无线路由器相当于一个无线 AP，集合了路由功能，可以实现有线网络和无线网络之间的互通。由于这种特点，集中控制式网络组网方式应用十分广泛，适用于绝大多数应用场合。

4.2.3 FTTx光接入组网

1. 简介

FTTx（Fiber To The x，光纤接入）作为新一代宽带解决方案得到广泛应用，为用户提供高带宽、全业务的接入平台。而 FTTH（Fiber To The Home，光纤到户）将光纤直接接至用户家，因此被称作最理想的业务透明网络，是接入网发展的最终方式。

而 FTTx 是如何实现的呢？在多种方案中，点到多点（P2MP）的光纤接入方式 PON 是最佳选择。PON 应用于接入网，是接入网未来发展的方向，它提供的带宽可以满足现在和未来各种宽带业务的需要，所以在解决宽带接入问题上被普遍看好；无论在设备成本还是运维管理开销方面，其都相对较低。综合经济技术分析，目前，PON 是实现 FTTB/FTTH 的主要技术。

PON 技术从 20 世纪 90 年代开始发展，ITU（国际电信联盟）首先提出 APON（155 Mbit/s），然后又发展了 BPON（622 Mbit/s），并进步将其扩展到 GPON（2.5 Gbit/s）。在 21 世纪初，由于以太网技术的广泛应用，IEEE 也在以太网技术上发展了 EPON 技术。目前用于宽带接入的 PON 技术主要有 EPON 和 GPON，两者采用不同标准。

2. PON 的基本结构

PON 系统由局端的光线路终端（OLT）、光分配网（ODN）和用户侧的光网络单元（ONU）组成，为单纤双向系统。OLT 位于网络侧，位于中心局端，它可以是一个 L2 交换机或 L3 路由器，提供网络集中和接入，能完成光 / 电转换，带宽分配并控制各信道的连接，还具有实时监控、管理及维护功能。ONU 位于用户侧，实现各种电信号的处理与维护管理，提供用户侧接口。OLT 与 ONU 之间通过无源光分路器连接，无源光分路器用于分发下行数据和集中上行数据。除了终端设备，PON 系统中不需要电器件，因此其是无源的。

这种方式是光线路终端与多个光网络单元之间通过无源的光缆、光分 / 合路器等组成的光分配网连接的网络形式，如图 4-30 所示。

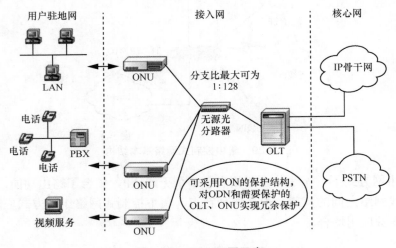

图4-30　PON组网示意

3. 光线路终端

光线路终端（Optical Line Terminal，OLT）的作用是提供业务网络与 ODN 之间的光接口，提供各种手段来传递各种业务，OLT 内部由核心层、业务层和公共层组成。业务层主要提供业务端口，支持多种业务；核心层提供交叉连接、复用、传输；公共层提供供电、维护管理功能。

4. 光网络单元

光网络单元（Optical Network Unit，ONU）位于 ODN 和用户设备之间，提供用户与 ODN 之间的光接口和与用户侧的电接口，实现对各种电信号的处理与维护管理。ONU

内部由核心层、业务层和公共层组成，业务层主要指用户端口；核心层提供复用功能和光接口；公共层提供供电、维护管理功能。

5. 光分配网

光分配网（Optical Distribution Network，ODN）是 OLT 与 ONU 之间提供光传输的手段，其主要功能是完成 OLT 与 ONU 之间的信息传输和分发，建立 ONU 与 OLT 之间的端到端的信息传送信道。ODN 的配置方式通常为点到多点方式，即多个 ONU 通过一个 ODN 与一个 OLT 相连，这样，多个 ONU 可以共享 OLT 到 ODN 之间的光传输媒质和 OLT 的光电设备。

6. PON 的常见应用模式

PON 系统可以替代现有的部分光缆和光交换设备，从而节省相关段落的接入光缆投入，如图 4-31 所示。

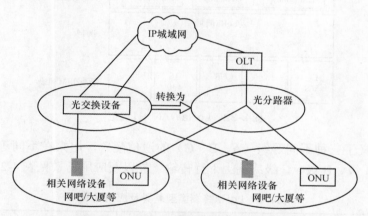

图4-31 PON系统替代部分光缆和光交换设备示意

4.2.4 LoRa低功耗广域网组网

1. LoRa

LoRa 是"Long Rang"的缩写，是基于线性调频扩频（CCS）的一种无线调制技术，具有低功耗特性，可以提供更远距离的通信。LoRa 调制技术是物理层协议。LoRa 是目前应用最为广泛的 LPWAN 技术之一，是美国 Semtech 公司采用和推广的一种基于扩频技术的超远距离无线传输方案。这种传输方案改变了以往关于传输距离与功耗的折衷考虑方式，提供一种简单又能实现远距离、长电池寿命、大容量功能的系统，进而扩展了传感网络。目前，LoRa 主要在全球免费频段运行，包括 433 MHz、868 MHz、915 MHz 等频段。

LoRa 技术具有低功耗、深度覆盖、容易部署等优势，因此适用于功耗要求低、距离远、大量连接以及定位跟踪等物联网应用，如智能抄表、智能停车、车辆追踪、宠物跟踪、智慧农业、智慧工业、智慧城市、智慧社区等。

例如，在智慧农业中，温湿度、二氧化碳、盐碱度等传感器的广泛应用，这些传感器需要定期地上传数据，但农场或者耕地面积广阔，可能并没有覆盖蜂窝网络，此时低功耗、覆盖面积广、可实现传感器大量连接的 LoRa 就能大显身手。

2. LoRaWAN

LoRaWAN（LoRa for Wide Area Network）是由 LoRa Alliance 组织推动的，是控制终端节点与 LPWAN 网关节点通信的 MAC 层协议。LoRa Alliance 于 2017 年 10 月发布了 LoRaWAN 1.1 规范，如图 4-32 所示。

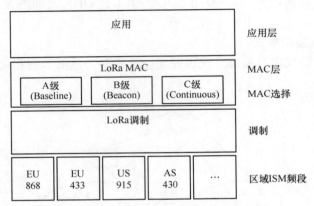

图4-32　LoRaWAN 1.1规范

规范中定义了三种不同等级（A、B、C）的通信配置，用来在不同等级的终端和应用之间通信。A 级、B 级、C 级终端上下行传输差异以及应用场景见表 4-2。

表4-2　LoRa终端类型差异及应用场景

等级	概述	下行时机	应用场景
A（Baseline）	采用ALOHA协议按需上报数据，在每个上行后都会紧跟两个短暂的下行接收窗口，以实现双向传输，这种操作最省电	必须等待终端上报数据后才能对其下发数据	烟雾报警器、气体监测
B（Beacon）	除了具备A级的随机接收窗口，还会在指定时间打开接收窗口，需要从网关接收时间同步的信号	在终端固定接收窗口对其下发数据，下发延时有所减少	阀控、水气电表等
C（Continuous）	一直打开接收窗口，仅在发送时间短暂关闭，是三种设备中最费电的设备	可在任意时间对终端下发数据	路灯控制等

3. LoRaWAN 架构

LoRaWAN 主要由终端、网关（或称基站）、服务器和云 4 部分组成，LoRaWAN 采用星形拓扑结构组网，终端中嵌入基于 LoRa 的芯片或模块，终端节点可以实现与 LoRa 网关的组网连接，LoRa 网关连接前端、终端和后端网络服务器，网关和网络服务器通过标准 IP 连接，如图 4-33 所示。

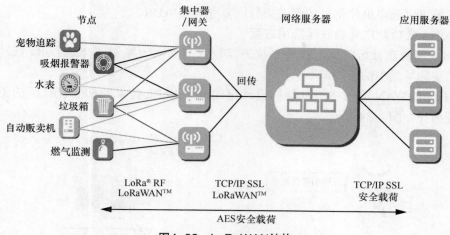

图4-33　LoRaWAN结构

（1）组网特点

LoRaWAN 采用星形拓扑结构组网，与其他形态组网方式相比有以下特点。

① 拓扑组网：LoRa 技术通信距离长、网络覆盖范围广。

② 跳数：单跳，终端节点与一个或多个网关进行双向通信。

③ 延时：延时小，实时性可控。

④ 功耗：终端节点收发后立即休眠，耗电低，电池使用寿命增加。

⑤ 网络容量与扩容：增加网关即可增加网络容量并进行扩容。

⑥ 可靠性：高，可及时发现丢帧并重发。

⑦ 复杂度：无路由转发，网络结构简单。

（2）网关类型

LoRaWAN 根据应用场景的不同可分为室内型网关和室外型网关；根据通信方式的不同可以分为全双工网关和半双工网关；根据支持 LoRaWAN 协议的程度不同可以分为完全支持 LoRaWAN 协议网关和部分支持 LoRaWAN 协议网关。

（3）网关容量

LoRa 技术是 Semtch 公司的专利技术，网关产品采用 Semtch 公司提供的 SX1301 芯片进行开发，从理论上说，单个 LoRa 芯片，在完全符合 LoRaWAN 协议规定的情况下，每天最多能接收 1500 万个数据包。如果某个应用发包频率为 1 包 / 小时，单个网关能接入 62500 个终端节点。

LoRaWAN 的数据传输速率范围为 0.3~50 kbit/s，为了最大化终端设备电池寿命和整个网络容量，LoRaWAN 的网络服务器通过一种速率自适应（ADR）方案来控制数据传输速率和每一终端设备的射频输出。离网关近的终端节点采用高速率传输，降低了传输时间，提高了带宽利用率，扩大了网络容量。所以，当一个 LoRaWAN 需要增加网络容量时，仅需要增加网关即可。

（4）一网络多网关

LoRaWAN 一个终端节点发送的数据包通常可以被多个网关接收，再被转发给服务器，服务器可以选择最佳信号的网关进行回复并调整 ADR。

4. LoRa 低功耗广域物联网应用方案

我们以部署在社区的烟雾报警系统方案设计与实现为案例，介绍 LoRa 低功耗广域物联网在实际场景中的应用。

根据 LoRaWAN 的网络组网架构设计出的基于 LoRa 技术的部署在社区的无线烟雾报警系统拓扑如图 4-34 所示。

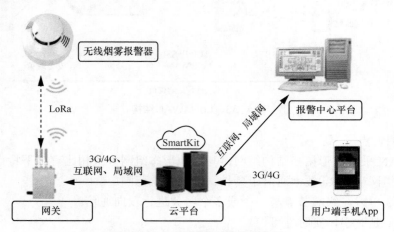

图4-34　无线烟雾报警系统拓扑

系统的组成主要包括以下几个部分。

① 终端：选取无线烟雾报警器作为终端节点，该终端主要由 LoRa 模块、MCU、电源、光电烟雾传感器组成。终端采用红外散射原理来探测烟雾，当烟雾达到预定阈值时，终端发送报警数据到 LoRa 网关，并发出报警提示音。终端可被部署在社区中需要检测烟雾的地方或存在火灾隐患的地方。

② LoRa 网关：LoRa 网关是通过 LoRaWAN 协议接收前端设备的通信数据，在无线烟雾报警器和云平台之间中继数据传输。根据本案例的情况，我们可以选取一个中型的室外网关，其覆盖半径可以达 1 千米，可以连接约 150 个无线烟雾报警器。

③ 云平台：收集网关传来的数据信息，并将数据信息传送到后台进行处理，云平台可以提供历史事件数据记录、数据加密解密、数据包纠错、数据备份存储服务。云平台可以使用私有云或公有云，但需要通过一个中间件转变成符合 LoRaWAN 协议。

④ 报警中心平台：自动记录报警时间、报警单位信息、管理人员应急处理信息。

⑤ App 手机客户端：通过互联网接收云平台推送的信息，实现人机交互和对前端设备的管理。

通过云平台和 App 应用的处理，相关人员可以直观地对每个无线烟雾报警器进行远程监测和智能化管理，可及时发现异常并进行火灾报警，如图 4-35 所示。

该方案终端耗电低、设备接收灵敏度高，可以实现大量终端节点的连接，且具有成本低、部署简单的优势。

烟雾报警器   节点楼层分布   故障申报   签到
状态监测
                                                         报警信息   报警处理

图4-35   无线烟雾报警系统云平台和App效果

4.2.5 移动通信网络及NB-IoT低功耗广域网组网

1. 移动通信网络组网

（1）移动通信的概念

移动通信（Mobile Communications）是移动用户与固定用户之间或移动用户之间的通信方式。

（2）通信技术的发展

通信技术的发展主要经历了以下 3 个阶段：

① 初级通信阶段（以 1839 年电报发明为标志）；

② 近代通信阶段（以 1948 年香农提出的信息论为标志）；

③ 现代通信阶段（以 20 世纪 80 年代以后出现的互联网、光纤通信、移动通信等技术为标志）。

（3）LTE 网络的架构与核心组成

LTE 在 3G 标准的基础上，提出了新的空中接口和无线网络架构，以进一步提高用户的数据传输速率、系统带宽和覆盖范围，同时降低时延和运营商的成本并提供对不同无线频谱带宽的支持。从图 4-36 中可以看出，整个网络构架被分为了 4 个部分，包括由中间两个框框起来的 E-UTRAN 部分和 EPC 部分，还有位于两边的 UE 部分和 PDN 部分。

下面我们详细地介绍每一个组件的名称与作用。

1）UE（User Equipment）

用户设备就是指用户的手机，或者是其他可以利用 LTE 上网的设备。

2）eNB（eNodeB）

它为用户提供空中接口（Air Interface），用户设备可以通过无线通信方式连接 eNB，也就是我们常说的基站，然后基站再通过有线网连接运营商的核心网。这里要注意，我们所说的无线通信，仅仅适用于手机和基站这一段的通信，其他部分例如基站与核心网的连接、基站与基站之间的连接、核心网中各设备的连接全部都是有线连接的。一台基站（eNB）要接受很多台 UE 的接入，所以 eNB 要负责管理 UE，包括执行资源分配、调度、管理接入策略等操作。

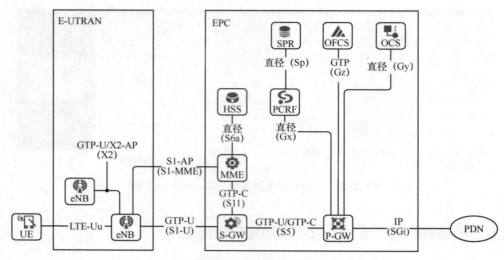

图4-36　LTE网络架构

3）MME（Mobility Management Entity）

它是核心网中最重要的实体之一，提供以下的功能：

① NAS 信令传输；

② 用户鉴权与漫游管理（S6a）；

③ 移动性管理；

④ EPS 承载管理。

这里所介绍的功能中，NAS 信令指的是三层信令，包含 EMM、ESM 和 NAS，移动性管理主要包括寻呼、TAI 管理和切换；承载主要指 EPS 承载（Bearer）的建立、修改、销毁等操作。

4）S-GW（Serving Gateway）

S-GW 是终止于 E-UTRAN 接口的网关，该设备的主要功能包括：进行 eNodeB 间切换时，可以作为本地锚定点，并协助完成 eNodeB 的重排序功能；在 3GPP 不同接入系统间切换时，作为移动性锚点（终结在 S4 接口，在 2G/3G 系统和 P-GW 间实现业务路由），同样具有重排序功能；执行合法侦听功能；进行数据包的路由和转发；在上行和下行传输层进行分组标记；在 E-UTRAN 空闲状态下，下行分组缓冲和发起网络触发的服务请求功能；用于运营商间的计费等。

5）P-GW（Packet Data Network Gateway）

P-GW 是终结面向公用数据网（如互联网、IMS 等）SGi 接口的网关，UE 如果想访问互联网，必须途径 P-GW 实体，从另外一方面说，UE 如果想通过 P-GW 访问互联网，必须要有 IP 地址，所以 P-GW 负责为 UE 分配 IP 地址，同时提供 IP 路由和转发的功能。此外，为了使互联网的各种业务能够分配给不同的承载，P-GW 提供针对每一个 SDF 和每一个用户的包过滤功能。

6）HSS（Home Subscriber Server）

归属用户服务器是存在于核心网中的一个数据库服务器，里面存放着所有属于该核心网的用户的数据信息。当用户连接到 MME 时，用户提交的资料会与 HSS 数据服务器中的资料进行比对来进行鉴权。

7）PCRF（Policy and Charging Rules Function）

策略与计费规则会根据不同的服务制订不同的 PCC 计费策略。

8）SPR（Subscriber Profile Repository）

用户档案库为 PCRF 提供用户的信息，PCRF 根据其提供的信息来指定相应的规则。

9）OCS（Online Charging System）

在线计费系统是为用户使用服务进行计费的系统。

10）OFCS（Offline Charging System）

离线计费系统对计费的记录进行保存。

下面我们简单介绍一下各系统间的接口。

1）LTE-Uu

LTE-Uu 接口是位于终端与基站之间的空中接口。在 LTE-Uu 接口中，终端会跟基站建立信令连接与数据连接，连接信令连接被称作 RRC Connection，相应的信令在 SRB 上进行传输，而数据通过逻辑信道连接，相关的数据在 DRB 上传输。这两个连接是终端与网络进行通信所必不可少的。

2）X2（控制面）

X2 是两个基站之间的接口，利用 X2 接口，基站间可以实现 SON（Self Organizing Network）功能，比如进行 PCI 的冲突检测等。

3）S1（控制面）

S1 是基站与 MME 之间的接口，相关 NAS 信令的传输都必须建立在 S1 连接建立的基础上。

4）X2（用户面）

X2 用户面的接口建立在 GTP-U 协议的基础上，其连接两个基站以传输基站间的数据。（X2 handover 等）。

5）S1（用户面）

S1 用户面的接口建立在 GTP-U 协议的基础上，连接基站与 MME，传输基站与 MME 之间的数据。

（4）移动通信网络技术在物联网中的应用

在整个物联网体系中，由于物体的位置是不固定的，所以需要一种机动性和灵活性都比较强的网络来对物联网中海量数据进行传输和处理，因此移动互联网是最佳的选择。移动通信网络技术在物联网中的应用体现在以下 3 个方面。

1）移动终端设备与物联网的融合

移动终端设备具有灵活性强、机动性强的特点，尤其是手持的移动终端设备，这种终端可以应用到物联网的信息获取识别部分，比如用手机扫描二维码获取物品信息，就是一个典型的应用。

2）移动传输网络与物联网的融合

移动传输网络的主要功能是连接移动网络中的各个节点然后实现信息的传输。物联网的融合所需要的功能和移动传输网络所需要的功能相似。物联网想要快速发展，必须要从无线通信传输网络为基础,实现彼此间的融合。

3)移动传输网络的维护与管理与物联网的融合

移动传输网络的维护与管理主要是针对网络传输设备及其性能的管理与维护,维护的主要目的是保证网络的正常使用和运行。物联网的网络维护与管理包括的范围更大一些,物联网不局限于人与人之间的语音、通信所需的传输网络,也包括物品与物品、人与物品、人与人之间的信息传输所需的传输网络。

2. NB-IoT 低功耗广域网组网

基于蜂窝的窄带物联网(Narrow Band Internet of Things, NB-IoT)是物联网领域的一个新兴技术,其支持低功耗设备在广域网的蜂窝数据连接。

NB-IoT 设备的电池使用寿命可以延长 10 年以上。同时,它还能提供非常全面的室内蜂窝数据连接覆盖。

(1)NB-IoT 组网技术发展背景

高速率业务主要使用 3G、4G 技术,中等速率业务主要使用 GPRS 技术,低速率业务目前还没有很好的蜂窝技术来满足,而它却有着丰富多样的应用场景,很多情况下只能使用 GPRS 技术勉强支撑。基于对蜂窝物联网这一趋势和需求的敏锐洞察,2013 年年初,华为与业内有共识的运营商、设备厂商、芯片厂商一起开展了广泛而深入的需求和技术研讨,并迅速达成了推动窄带蜂窝物联网产业发展的共识,NB-IoT 研究正式启动,进程如图 4-37 所示。

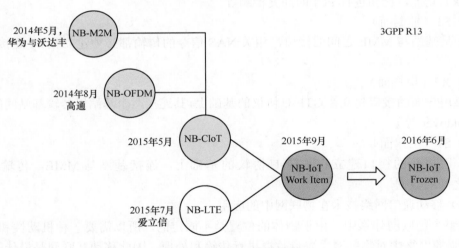

图4-37 NB-IoT研究进程

(2)NB-IoT 的前景与优势

移动通信正在从人和人的联接向人与物以及物与物的联接迈进,万物互联是大势所趋,然而当前的 4G 网络在物与物的连接上能力尚且不足。事实上,相比蓝牙、ZigBee等短距离通信技术,移动蜂窝网络具备广覆盖、可移动以及大连接等特性,能够带来更加丰富的应用场景,理应成为物联网的主要连接技术。

(3)NB-IoT 网络具备以下四大特点

① 广覆盖:NB-IoT 无线技术提升了功率谱密度,NB-IoT 比 LTE 提升了 20dB 增益,

即覆盖能力提高 100 倍，很好地实现了广域覆盖。这也解决了现有 LTE 无线信号难以实现全面覆盖的问题。

②具备支撑海量连接的能力：NB-IoT 的一个扇区能够支持 10 万个连接，支持低延时、较低的设备成本、低设备功耗和优化的网络架构。

③更低功耗：NB-IoT 终端模块的待机时间可长达 10 年。

④更低的模块成本：企业预期的单个接连模块成本不超过 5 美元。

（4）NB-IoT 组网的架构

NB-IoT 的端到端系统架构如图 4-38 所示。

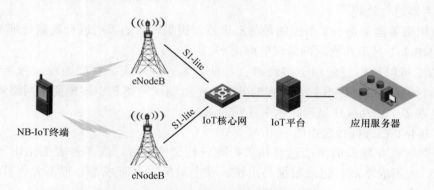

图4-38　NB-IoT的端到端系统架构

① NB-IoT 终端：它通过空口连接到基站。

② eNodeB：它主要提供空口接入处理、小区管理等相关功能，并通过 S1-lite 接口与 IoT 核心网进行连接，将非接入层数据转发给高层网元处理。这里需要注意，NB-IoT 可以独立组网，也可以与 EUTRAN 融合组网。

③ IoT 核心网：它承担与终端非接入层交互的功能，并将 IoT 业务的相关数据转发到 IoT 平台进行处理。同理，IoT 核心网也可以与 NB 独立组网，也可以与 LTE 共用核心网。为了将物联网数据发送给应用，蜂窝物联网（CIoT）在 EPS 中定义了两种优化方案：CIoT EPS 用户面功能优化（User Plane CIoT EPS Optimization）和 CIoT EPS 控制面功能优化（Control Plane CIoT EPS Optimization），如图 4-39 所示。

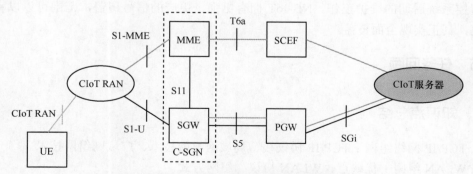

图4-39　CIoT在EPS中定义的两种优化方案

对于 CIoT EPS 控制面功能优化，上行数据从 eNB（CIoT RAN）被传送至 MME，在这里传输路径被分为两个分支：分支一通过 SGW 传送到 PGW 再传送到应用服务器，分支二通过 SCEF（Service Capability Exposure Function）连接到应用服务器（CIoT Services），后者仅支持非 IP 数据传送。下行数据传送路径原理相同，只是方向相反。

对于 CIoT EPS 用户面功能优化，物联网数据传送方式和传统数据流量一样，在无线承载上发送数据，数据由 SGW 传送到 PGW 再到应用服务器。因此，这种方案在建立连接时会产生额外开销，不过，它的优势是传送数据包序列的速度更快。

① IoT 平台：汇聚从各种接入网得到的 IoT 数据，并根据不同类型将其转发至相应的业务应用器进行处理。

② 应用服务器：是 IoT 数据的最终汇聚点，根据客户的需求进行数据处理等操作。

（5）NB-IoT 技术在物联网领域的应用

NB-IoT 可以被广泛应用于多种垂直行业，如远程抄表、资产跟踪、智能家居、智慧农业等。随着 3GPP 标准首个版本的发布，一批测试网络和小规模商用网络将会出现，NB-IoT 将在多个低功耗广域网技术中脱颖而出。

1）NB-IoT 在远程抄表中的应用

水、燃气表和我们的生活息息相关，随着社会的发展，人工抄表衍生出各种弊端，如效率低、人工成本高、记录数据易出错、业主对陌生人有戒备心理不允许其进门、维护管理困难等。

NB-IoT 远程抄表系统拥有海量容量，相同基站通信用户容量是 GPRS 远程抄表的 10 倍。其具有更低功耗，在相同的使用环境条件下，NB-IoT 终端模块的待机时间可长达 10 年以上。NB-IoT 新技术信号覆盖更强（可覆盖到室内与地下室），也可以以更低的模块成本运行。

2）NB-IoT 在井盖监控中的应用

我们的城市正在快速地发展，市政公共基础设施中包括的地下工程越来越多，井盖的增加是不可避免的。井盖的作用巨大，如没有及时获取井盖的状态信息，将有可能对人们的生命和财产造成极大的损失。

NB-IoT 能容纳的通信基站用户容量是 GPRS 的 10 倍。并且，NB-IoT 拥有超低功耗，正常通信和待机电流是 mA 和 uA 级别，模块待机时间可长达 10 年，极大程度地简化了井盖监控系统后期的维护工作。NB-IoT 拥有更强、更广的信号覆盖，范围可以以室内至地下室，真正实现全面覆盖。

4.2.6 任务回顾

知识点总结

1. TCP/IP 网络组网：TCP/IP 协议栈、局域网组网技术、广域网组网技术。

2. WLAN 组网：优缺点、WLAN 协议、组网方式。

3. FTT*x* 光接入组网：概念、基本结构、OLT、ONU、ODN、常用应用模式。

4. LoRa 低功耗广域网组网：LoRaWAN、网络架构、应用方案。

5. 移动通信网络及 NB-IoT 低功耗广域网组网：移动通信的概念和发展、LTE 网络的架构与核心组成、NB-IoT 的发展背景、NB-IoT 的前景与优势、NB-IoT 网络的特点、NB-IoT 组网架构。

学习足迹

任务二学习足迹如图 4-40 所示。

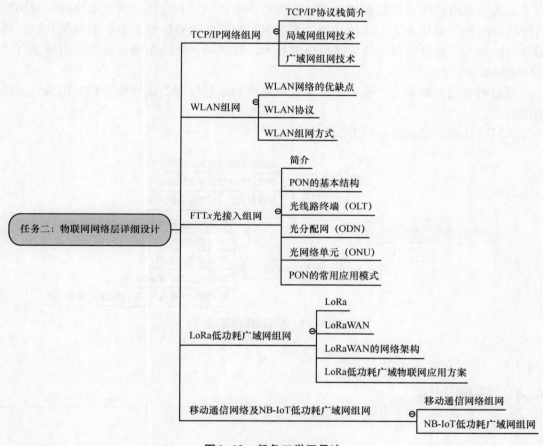

图4-40　任务二学习足迹

思考与练习

1. TCP/IP 是 Internet 最基本的协议，简单地说，就是由底层的 _____ 协议和 _____ 协议组成的。

2. PON 系统由局端的光线路终端 _____、光分配网（ODN）和用户侧的光网络单元 _____ 组成。

3. NB-IoT 网络具备的特点为：＿＿＿＿＿＿、＿＿＿＿＿＿、更低的功耗、更低的模块成本。

4.3　项目总结

在项目 4 中，我们先了解了物联网三层结构中的第二层——网络层的基本概念，明白了其通过通信网络进行信息传输、作为纽带连接感知层和应用层的基本功能，对物联网网络层的总体架构有了一定的认知，并学习了物联网网络层安全防护的相关知识，然后详细地学习了物联网网络层的常用组网技术，对多种网络的组网特点和应用场景有了进一步的认识。

通过对项目 4 的学习，我们提高了对物联网网络层设计的认知能力和对组网方案的选型能力。

项目 4 技能图谱如图 4-41 所示。

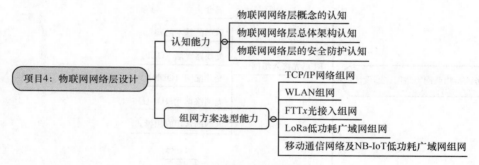

图 4-41　项目 4 技能图谱

4.4　拓展训练

网上调研：LoRa 和 NB-IoT 的比较

◆ 调研要求：

选题：我们知道 LoRa 和 NB-IoT 都是物联网领域较为热门的通信技术，那么它们各自都有什么特点呢？请采用信息化手段进行调研，并撰写调研报告。

需包含以下关键点：

● LoRa 和 NB-IoT 的特点。

● 什么情况下更适合选用 LoRa。

◆ 格式要求：需提交调研报告的 Word 版本，并采用 PPT 的形式进行汇报展示。

◆ **考核方式**：采取课内发言，时间要求 3~5 分钟。
◆ **评估标准**：见表 4-3。

表4-3　拓展训练评估表

项目名称：LoRa和NB-IoT的比较	项目承接人：姓名：	日期：
项目要求	评分标准	得分情况
总体要求（100分） 1. LoRa和NB-IoT的特点； 2. 举例说明什么情况下更适合选用LoRa	基本要求须包含以下两个内容（50分） 逻辑清晰、表达清楚（20分）； 调研报告文档格式规范（10分）； PPT汇报展示言行举止大方得体，说话有感染力（20分）	
评价人	评价说明	备注
个人		
老师		

项目 5

物联网应用层设计

 项目引入

　　早上，Philip、Raby、我和 Young 一起开了个会议，主题是物联网应用层设计的启动。我早知物联网分感知层、网络层和应用层三层，之前感知层和网络层已经让我有些不理解，应用层会不会更难呢？

　　"不就是软件和 App 吗"，我说道。Philip 回答我："不全面"，他接着说"我们说的物联网应用层是指物联网软件层面的系统，使用到的技术和互联网应用层使用的技术具有异曲同工之处。应用层以友好的用户界面为用户提供所需的各项应用软件和服务，直接面向客户需求，向个人用户、企业用户提供各种应用。因此，物联网应用层涉及大量软件层面的技术，例如面向服务的架构（SOA）、海量存储、消息处理、分布式数据处理、信息的管理以及数据可视化等技术。同时，物联网也需要结合行业特定的应用场景，针对不同的应用场景需求，提供不同于传统互联网的软件 App。"

　　既然物联网需要结合行业场景，那我们就在项目 5 中结合智能家居的应用场景传递物联网应用层设计的需求分析、整体设计以及需要的关键技术和工具，以点带面分享如何进行技术选择和应用。

知识图谱

　　知识图谱如图 5-1 所示。

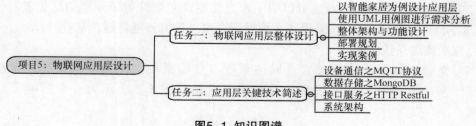

图5-1　知识图谱

5.1　任务一：物联网应用层整体设计

【任务描述】

应用层位于物联网三层结构中的最顶层，其功能为"处理"，即通过服务平台进行信息处理。应用层与最底端的感知层一起，才是物联网的显著特征和核心所在，应用层可以对感知层采集的数据进行计算、处理和知识挖掘，从而实现对物理世界的实时控制、精确管理和科学决策。

物联网应用层的核心功能主要围绕两个方面展开：一是"数据"，应用层需要完成数据的管理和数据的处理；二是"应用"，仅仅管理和处理数据还远远不够，必须将这些数据与各行业应用相结合。例如在智能电网中的远程抄表应用：安置于用户家中的读表器就是感知层中的传感器，这些传感器在收集到用户的用电信息后，通过网络将其发送并汇总到发电厂的处理器上。该处理器及其对应工作就属于应用层的工作范围，它将完成对用户用电信息的分析，并自动采取相关措施。

5.1.1　以智能家居为例设计应用层

一个完整的物联网应用系统离不开网络、联网的硬件、移动 App 以及后台应用系统，我们把移动 App 和后台应用系统归类到应用层，硬件和网络通信的基础便实现了，但要实现真正的"物联"，还需要借助一个服务平台，该平台负责数据的收集、存储、集中处理与分发，还负责控制现实的"物"，包括实时控制与智能化和集成控制。

1. 智能家居的概念

下面我们以智能家居为例，来分析智能家居的应用层如何实现。

智能家居是利用先进的计算机技术、网络通信技术、综合布线技术，依照人体工程学原理，融合个性需求，将与家居生活有关的各个子系统如安防、灯光控制、窗帘控制、信息家电、场景联动等有机地结合在一起，通过网络化综合智能控制和管理，实现"以人为本"的全新家居生活体验的智能化系统。

智能家居系统使用户不用在日常生活中特地去打扫、开关灯、开关窗帘等，而是可以通过一个软件系统结合硬件设施去完成这些任务。

智能家居系统可帮助用户实现家庭智能化，实现高科技带来的多元化信息和安全、舒适、便利的生活环境。该系统可以用于家庭住宅，主要针对单元楼的居住者，他们往往工作时间长、生活节奏快，采用本系统后用户可以拥有智能舒适的居住环境。

2. 智能家居系统组成

一个完整的智能家居系统包含网络系统、安防系统、照明控制系统、家庭影院与多媒体系统等多种类型的子系统及其设备设施，图 5-2 所示为一个智能家居系统的实例。

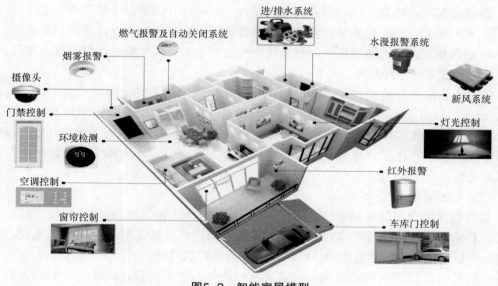

图5-2 智能家居模型

以下是一些常见的智能家居子系统（功能单元）的概述。

（1）温度实时采集和控制

此功能是解决人们对温度感知的需求，系统能实时采集室内的温度读数，并能以图形的方式将其展示给用户，用户可以根据需要自行控制室内温度，也可以根据用户设置把温度控制在一个范围之内。系统还可以提供选择项，比如舒服睡眠模式、凉爽模式、温暖模式等。

（2）智能照明控制

用户可以根据需要控制家中的灯光亮度，也可以设置调节模式，由用户自主选择，如迎宾模式、居家模式、休眠模式、用餐模式、电视模式。系统还有以下实用性功能。

① 软启动功能：灯光的渐亮、渐暗功能，能让眼睛免受灯光骤亮、骤暗带来的刺激，同时还可以延长灯具的使用寿命。

② 调光功能：灯光的调亮、调暗功能，能让用户及其家人在分享快乐的同时，还能达到节能和环保的目的。

③ 亮度记忆：灯光亮度记忆的功能，使灯光更富"人情味"。

④ 全开全关：轻松实现家用电器的一键全关和所有灯的一键紧急全开功能，实现人性化的控制。触摸集中控制，使用更方便，夜晚，如有突发事件，用户只要按一下全开紧急按键，所有灯就全部同时亮起；睡觉前，用户只要按一下全关按键，所有灯就全部关掉。

（3）智能门窗控制

用户可以根据需要控制门窗的开关，无须再为每天开关窗帘而心烦，结合定时控制器，电动窗帘每天自动定时开关，如每到晚上就自动关上，天亮时自动打开；电动窗帘的角度可以通过遥控器、触摸屏控制，用户一按遥控器，就可自在掌控窗帘。同时，系统还为窗帘设置了以下模式供用户选择：

① 离家模式，离家后强烈的阳光直晒屋内，此时打开的窗帘会自动合上；

② 夜间模式，当光传感器检测到光照强度达到设定的强度值时，窗帘自动合上；

③ 清晨模式，当光传感器检测到光照强度达到设定的强度值时，窗帘自动打开。

（4）智能安防监控系统

随着人们居住环境的优化，人们越来越重视自己的个人安全和财产安全，对人、家庭以及居住的小区的安全方面提出了更高的要求，智能安防已成为当前的发展趋势。智能安防监控系统通过 RFID 实现非法进门报警和远程开关门功能。为了能实时分析、跟踪、判别监控对象，并在异常事件发生时提示、上报，智能安防监控系统的"智能化"就显得尤为重要。

（5）智能家电系统

系统通过组合智能电器插座、定时控制器、语音电话远程控制器等智能产品，无需对现有普通家用电器进行改造，就能轻松实现对家用电器的定时控制、无线遥控、集中控制、电话远程控制、场景控制、电脑控制等多种智能控制。

用户还可以根据自身的需求，自定义各种类型的使用场景或模式。人们回家时，希望家里的空调先打开、窗帘自动打开、洗澡水放好、舒适的音乐自动播放。每位用户的家庭情况不同，所设置的具体场景也不同，因此一个完善的智能家居系统应该提供自定义场景系统，人们可以根据自己的喜好打包设置一个"回家模式"，用户只要一键确认，其设置好的动作就可以完成，较常用的模式有："回家模式""离开模式""睡觉模式"，这种一键操作模式有两个好处：

① 方便，用户只需按一键，就可以同时启动所有预先的设置；

② 灵活，用户可以非常方便地自定义动作组成，设置个性化的智能家居系统。

3. 智能家居系统用户与使用流程

开发者用户需要在智能家居系统的后台管理系统并完成设备的创建集成及分配等管理工作，普通用户通过移动 App 来管理控制后台系统下的设备。

由此，我们知道智能家居面向的用户主要分两类：开发者用户和普通用户。开发者用户是一个智能家居方案的参与者与服务提供者，需要完成感知层和网络层的设计与安装调试，最终将其对接到应用层，通过应用层向普通用户提供软件服务和硬件服务。普通用户即智能家居方案最终面向的客户，是智能家居服务的最终体验者和获益者，普通用户使用软件终端实现对硬件设备的查看与控制，按定制化的规则实现对系统组成部分或整个系统的统一智能控制与管理。

可以看出，开发者用户和普通用户在应用层产生最终的交集，开发者用户要考虑如何在应用层提供良好的软 / 硬件服务。普通用户会将体验通过开发者用户提供的软 / 硬件服务进行反馈。

智能家居系统的开发主要考虑对接网关设备和用户界面、用户操作的平台设计与实现。整个智能家居系统的业务流程如图 5-3 所示。

从图 5-3 中我们可以看出，底层传感器或智能设备首先接入到智能网关，通过智能网关对接后台管理系统。后台管理系统负责对底层传感器和智能设备进行统一管理以及数据接收、处理与存储。后台管理系统通过用户终端对后台管理平台进行主动访问，经过后台管理平台对底层传感器和智能设备的数据筛选、处理、整合、计算、优化等一系列操作后，最后将用户需要的或需要监控的数据展现给用户，包括可视化界面。另外，用户发出的具体控制指令也经过后台管理平台的过滤处理，然后经过智能网关分发到指定的底层传感器或智能设备，完成对设备的智能控制，如在某个时间关灯。

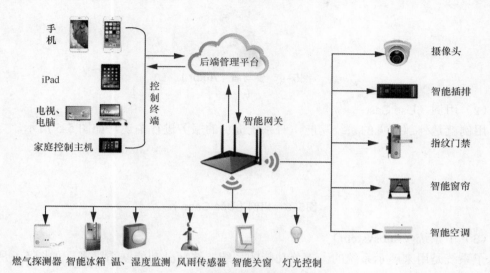

图5-3　智能家居业务流程

由上面的分析我们可以知道，智能家居应用层最主要的设计实现应该集中在后端管理平台上。除后端管理平台外，智能网关和底层传感器、智能设备都已在前文中介绍过，控制终端和用户界面也与后端管理平台密不可分。

如果从用户归属的角度进行分析，后端管理平台主要是开发者用户需要考虑与使用的，而控制终端和用户界面主要是普通用户需要使用的。

5.1.2　使用UML用例图进行需求分析

下面我们就结合 UML 工具来分析开发者用户和普通用户在应用层面的具体需求。在此之前让我们先来了解 UML 及其用例图。

1. UML 用例图简介

UML（Unified Modeling Language，统一建模语言或标准建模语言）是一个支持模型化和软件系统开发的图形化语言，为软件开发的所有阶段提供模型化和可视化支持，包括由需求分析到规格，再到构造和配置。UML 中提供了多种建模系统图，用户可对新开发的系统依据需求进行建模，规划开发功能或测试用例，并考虑具体场景对应哪种用例图最适合。用例图主要用来描述用户、需求、系统功能单元之间的关系，它展示了一个外部用户能够观察到的系统功能模型图，帮助开发团队以一种可视化的方式理解系统的功能需求。

用例图所包含的元素如下。

（1）参与者（Actor）

参与者表示与您的应用程序或系统进行交互的用户、组织或外部系统，用一个小人表示，如图 5-4 所示。

图5-4　参与者（Actor）

（2）用例（Use Case）

用例就是外部可见的系统功能，对系统提供的服务进行描述，如图 5-5 所示。

图5-5　用例（Use Case）

（3）子系统（Subsystem）

子系统是用来展示系统的一部分功能的系统，这部分功能联系紧密，如图 5-6 所示。

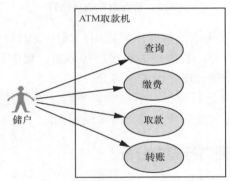

图5-6　子系统（Subsystem）

（4）关系

用例图中涉及的关系有：关联、泛化、包含、扩展、依赖，具体见表 5-1。

表5-1　关系类型及表示符号

关系类型	说明	表示符号
关联	参与者与用例间的关系	⟶
泛化	参与者之间或者用例之间的关系	⟶
包含	用例之间的关系	－－《包含》－→
扩展	用例之间的关系	－－《扩展》－→
依赖	用例之间的关系	--------→

1）关联（Association）

关联表示参与者与用例之间的通信，任何一方都可发送或接收消息，如图 5-7 所示，其中箭头指向消息接收方。

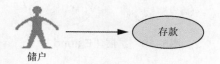

图5-7 关联（Association）

2）泛化（Inheritance）

泛化即我们通常理解的继承关系，子用例和父用例相似，但表现出更特别的行为：子用例将继承父用例的所有结构、行为和关系；子用例可以使用父用例的一段行为，也可以对其进行重载。父用例通常是抽象的，如图 5-8 所示，箭头指向父用例。

图5-8 泛化（Inheritance）

3）包含（Include）

包含关系用来把一个较复杂用例所表示的功能分解成较小的步骤，如图 5-9 所示，箭头指向分解出来的功能用例。

图5-9 包含（Incitude）

4）扩展（Extend）

扩展关系是指用例功能的延伸，相当于为基础用例提供一个附加功能，如图 5-10 所示，箭头指向基础用例。

5）依赖（Dependency）

以上四种关系是 UML 定义的标准关系。但 VS2010 的用例模型图中添加了依赖关系，带箭头的虚线表示源用例依赖于目标用例，如图 5-11 所示，箭头指向被依赖项。

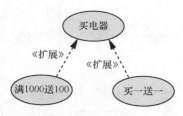

图5-10 扩展（Extend）

图5-11 依赖（Dependency）

（5）项目（Artifact）

用例图虽然是用来帮助人们形象地理解功能需求的图示，但却没多少人能看懂它，VS2010中引入了"项目"这样一个元素，以便让开发人员能够在用例图中链接一个普通文档，用依赖关系把某个用例依赖到项目上，然后把项目属性的 Hyperlink 设置到对应的文档上，这样当开发人员在用例图上双击项目时，相关联的文档就会被打开，如图 5-12 所示。

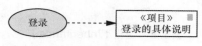

图5-12 项目（Artifact）

（6）注释（Comment）

注释如图 5-13 所示。

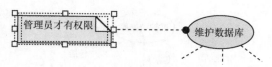

图5-13 注释（Comment）

包含（Include）、扩展（Extend）、泛化（Inheritance）的区别如下。

① 条件性：泛化中的子用例和包含中的被包含的用例会无条件发生，而扩展中的延伸用例的发生是有条件的。

② 直接性：泛化中的子用例和扩展中的延伸用例为参与者提供直接服务，而包含中被包含的用例为参与者提供间接服务。

对扩展而言，延伸用例并不包含基础用例的内容，基础用例也不包含延伸用例的内容。

对泛化而言，子用例包含基础用例的所有内容及它和其他用例或参与者之间的关系，用例图示如图 5-14 所示。

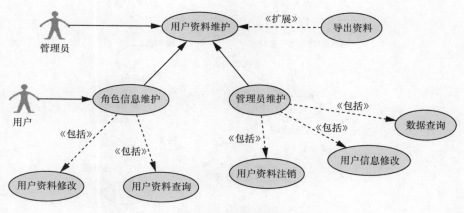

图5-14　用例图示例

鉴于用例图有时候并不能清楚地表达功能需求，因此在开发中，大家通常用描述表来补充某些不易表达的用例，具体见表 5-2。

表5-2　用例图补充描述示例

用例名称	网站公告发布
用例标识码	202
参与者	负责人
简要说明	负责人用来填写和修改家教网站首面的公告，公告最终显示在家教网站的首页上
前置条件	负责人已经登录家教网站管理系统
基本事件流	① 负责人用鼠标单击"修改公告"按钮； ② 系统出现一个文本框，显示原来的公告内容； ③ 负责人可以在文本框内修改公告，也可以删除公告内容然后重新填写； ④ 负责人编辑完公告内容，单击"提交"按钮，首页公告就被修改； ⑤ 用例终止
其他事件流A1	在单击"提交"按钮之前，负责人随时可以单击"返回"按钮，文本框的任何修改内容都不会影响网站首页的公告
异常事件流	① 提示错误信息，负责人确认； ② 返回到管理系统主页面
后置条件	网站首页的公告信息被修改
注释	无

2. 开发者用户需求分析

开发者用户需要在完成感知层和网络层的设计之后，将这两层的成果输出（即底层传感器和智能设备）对接到一个总的后台管理中心。后台管理中心作为智能家居系统的"大脑中枢"，负责整个智能家居系统的管理调度，包括对设备的统一管理、对设备数据的上传收集和下发控制、对设备的组合管理与控制、对设备的智能化监控和自动控制、对设备数据的可视化展示和大数据处理。

在上述分析的基础上我们给出了针对开发者用户的 UML 用例图，如图 5-15 所示。

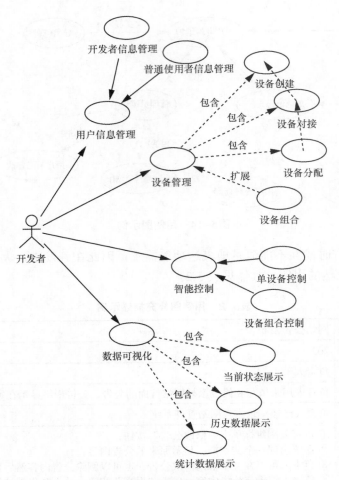

图5-15 开发者用户的UML用例图

首先，开发者用户需要管理自己的信息，并同时管理使用自己物联网产品的普通用户的信息，包括用户的注册登录信息、使用设备情况信息等。

其次，开发者需要创建一个用于设备管理的大功能模块。在这个功能模块中，开发者用户需要指定设备的创建规则，在管理平台创建虚拟的设备，然后在实际设备完成制造后，根据一定的方法实现对接，将实际设备对接到一个软件管理平台，通过这个平台实现对设备的管理，这其中还需要设备通信引擎的制订，设备数据的传输途径与方式的定义。完成对接后，单台设备可以被交付给普通用户使用。当然单一设备是无法满足一个智能家居系统的需求的，这个系统要求一批覆盖家居各个方面的设备，整个家居系统的设备列表根据不同的场景，如灯光系统、安防系统被划分成不同的场景组合，形成不同功能的设备组合，这个设备组合可以单独作为一个子系统，可以实现对这个相对独立的子系统的统一管理与控制，当然这个划分工作也可以是普通用户自己进行的。完成了这些，普通用户就可以实现对设备或设备组的手动控制了。

接下来，开发者用户需要设计整个系统的智能控制规则库。智能家居系统必须体现"智能"二字，"智能"还要体现在对设备或设备组的智能控制上，这其中当然又包括智能监控设备或设备组的状态信息。智能控制又分为对单台设备的智能控制和对设备组的智能控制，那么什么是智能控制呢？举个最简单的例子，如对在每天晚上 7 点自动打开电视这类与时间相关的事件的发生时机进行规划，我们将这种规划工作称为任务调度，这类与时间相关的任务，我们将其称为时间计划任务，包括在将来指定时间执行一次，在将来每隔指定时间执行若干次，在将来按一定的时间规则（如每个月的 1 号等）执行一次或若干次。还有一类是由指定的条件触发另一个事件发生的事件，比如电视如果开机超过 12 小时，系统可以提示普通用户看电视时间太久了需要休息或者给出提示后自动关闭电视，我们称这类任务为触发任务。按用户需求为普通用户定制合理的智能控制条件，并保证智能控制的及时有效发生就是本功能模块需要重点考虑的，当然这部分规则也可以是具体使用者自己制订的。

开发者用户还需要提供可视化界面，为设备或设备组状态的监控提供友好的交互方式，当然这是数据可视化最基本的功能。界面还要包括历史数据的展示，根据历史数据的展示开发者用户可以了解普通用户使用设备的情况，也可以将其作为日后故障维修的依据，还可根据历史数据进行一些数据统计工作，如统计普通用户在哪些时间段使用哪些设备较频繁，从而为调整或开发更合理的产品、改进服务质量与改善用户体验提供依据。

【做一做】

结合用例图对设备管理功能模块进行深入分析，并挑选一个具体功能进行活动图绘制。

3. 普通用户用例图

分析完开发者用户的应用需求，我们再来看看普通用户（即智能家居系统直接使用者）的应用需求。

开发者用户完成了感知层、网络层、应用层功能开发之后，需要向普通用户提供整套的智能家居系统硬件和软件。硬件在感知层和网络层已经完成，并在应用层实现对接，现在剩下软件部分了，即提供给普通用户管理、查看及控制智能家居系统的交互窗口。这个交互窗口一般被设计在移动端，即手机、iPad 等移动终端。

普通用户需要在应用端实现包括用户注册认证等在内的基础功能，还有设备绑定、设备列表管理、设备状态查看、设备单一控制等常规功能以及使用场景创建、选择及智能控制规则、自定义及智能控制实现、设备消息管理等高级功能。

在上述分析的基础上我们给出了针对普通用户的 UML 用例图，如图 5-16 所示。

首先，普通用户需要通过认证才能使用该智能家居系统，所以用户信息管理功能模块要具有用户的注册登录、查看和修改功能。

接着，普通用户查看设备和控制设备的基础便是设备管理。该功能模块要将开发者用户分配好的设备绑定到自己名下，随着设备的增多就需要有管理设备的列表，还要能查看设备的详情及状态，并在该设备下执行对设备的单一控制。

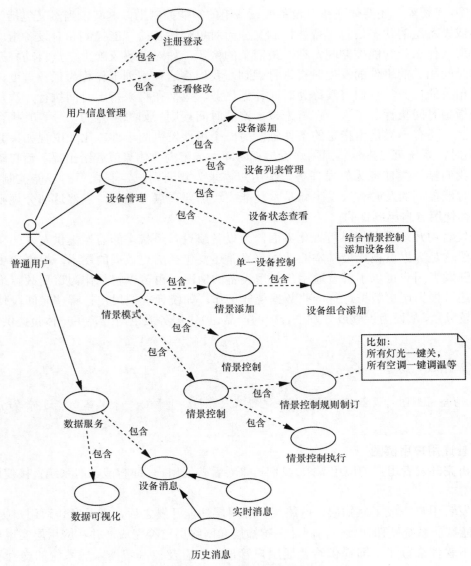

图5-16　普通用户用例图

然后，普通用户可以根据自身的需求，将设备整合成不同的情景模式，即在不同情景下使用不同组的设备，如离家模式、回家模式等。该功能模块要提供情景的创建，包括向该情景内添加设备等管理功能，还应提供不同情景模式下的不同的控制功能，这就需要模块具备可自由组合的控制集规则，如一键开 / 关灯等。最后，这些设定好的情景规则要能方便地执行。

最后，普通用户需要实时看到设备发出的各种信息，比如烟感装置实时检测到的屋内烟雾浓度是否超标的信息，如果超标，普通用户要能看到设备发出的预警信息以及历史信息。为了使普通用户有良好的使用体验，模块需要采用可视化图表等方式给普通用户不同的数据展现。

【做一做】

分析开发者用户和普通用户在应用设备管理模块方面的区别和联系。

开发者用户和普通用户的需求分析已介绍完，两者一起组成了完整的物联网应用层需求，我们可以将两者整合在一起给出一个整体的用例图，如图5-17所示。

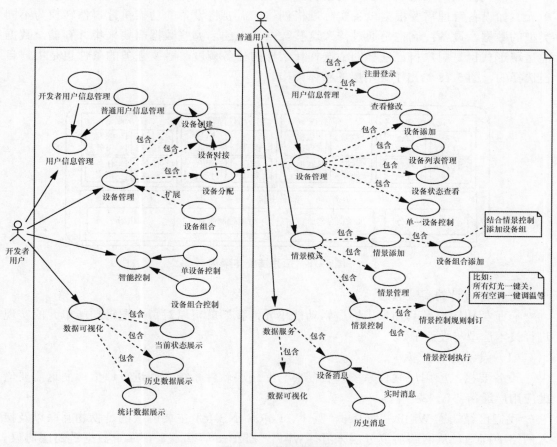

图5-17　整体用例图

5.1.3　整体架构与功能设计

前面我们已经利用智能家居系统梳理了物联网应用层的用户需求及其功能。5.1.3 小节我们要在明确需求与功能的基础上，探讨整个应用层的软件实现架构，并从中抽象出功能单元，然后对每个功能单元进行分析设计。

1. 整体架构

硬件设备和网关要通过一定的通信协议才能实现和软件系统的对接，这个硬件、网关和软件平台的通信被定义为设备通信服务。建立通信后，设备数据需要进行持久化存储用于数据可视化和大数据分析，因为随着时间推移设备数据量会变得异常庞大，所以我们称之为大数据存储服务。设备的主动控制也是通过通信服务完成的，设备的时间任务式控制和触发任务式控制等智能化、自动化控制需要以任务调度服务作为辅助。软件系统之间的通信（后台管理系统和 Web 界面、App 系统之间的通信）还需要一个 API 服务，以上这些共同构成了支持软件平台的基础层服务引擎。

物联网面向用户的具体业务功能构建在这些服务引擎之上，是用户直接可见的功能单元。如设备管理需要根据设备实际规格创建，需要将设备的功能执行事件转换为不同类型的数据，设备控制也是通过修改这些数据实现的；哪些数据需要采集并存储，数据的呈现形式也是用户自己选择的；选择什么样的任务调度，触发任务的条件也是用户自己选择的。图 5-18 给出了应用层的整体架构。

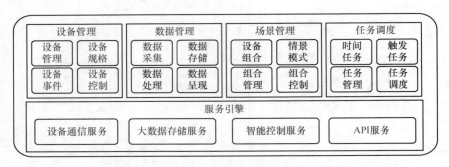

图5-18　应用层整体架构

2. 功能设计的实现概述

有了架构图以及其抽象出的逻辑功能单元，我们就可以对每个逻辑功能单元的实现进行技术选型与设计了。

（1）设备通信引擎

设备要接入应用层软件系统，就需要与应用层软件系统之间进行通信，而这需要借助应用层通信协议来实现。

我们已经知道 Wi-Fi、ZigBee、蓝牙、LoRa、NB-IoT 主要解决的是物物互联以及接入网络的问题，从网络协议分层来看，Wi-Fi、ZigBee 等基本上都属于数据链路层协议。而设备与应用层软件系统之间的数据交换，主要依靠应用层协议来解决。

在移动互联网中，最常用的应用层协议就是 HTTP，HTTP 同样可以用于物联网系统中。HTTP 采取的是请求—响应（Request-Response）的通信机制，服务器无法主动给客户端发送消息，如果要实现这种消息推送，就需要借助 WebSocket 这种全双工的通信机制。

然而，对于计算和存储资源有限的物联网节点，HTTP 不太适用，HTTP 在物联网场景中有以下 3 大弊端。

① HTTP 难以主动向设备推送数据。对于频繁的操控场景，HTTP 只能通过设备定期主动向服务器发送数据，实现成本和实时性都大打折扣。

② 安全性不高。Web 的安全性高是众所周知的，HTTP 是明文协议，在很多要求高

安全性的物联网场景中不适用。

③ 不同于用户交互终端，物联网场景中的设备具有多样化特征，对于运算和存储资源都十分受限的设备，HTTP 的实现、XML/JSON 数据格式的解析，都是不可能完成的。

除了 HTTP 以外，还有很多更适合于物联网应用的协议，比如 MQTT 协议、CoAP、AMQP、XMPP 等。这里我们选取 MQTT 协议作为设备通信的协议，设备也同时支持 HTTP。

MQTT 协议将消息代理服务器（broker）作为消息的集中处理与分发中心，所以需要在系统中集成现有的 MQTT broker（或者自己开发），如开源的 Mosquitto、收费的 Hivemq，然后分别在后台管理系统和硬件网关端定义 MQTT 协议客户端（Client）用于订阅发布，以此实现后台管理系统和硬件网关端的通信。

（2）大数据存储

设备数据要通过应用层软件系统存储起来，数据还要被查询以进行各种展示与操作，还需要经过大数据处理。伴随着各种传感设备的使用，物联网所处理的数据量呈现出海量特征。如何对这些数据进行高效处理，从中获取有用信息，进而提供智能决策，是物联网发展面临的关键问题。

这就需要有强大的数据库技术作为保证。传统的关系型数据库比如 MySQL、Oracle 等具有数据存储规模较小和录入速度较慢等不足，因此已无法满足物联网大数据级的海量数据存储与处理需求。在这种挑战下，各种新型数据库应运而生。例如，NoSQL 数据库的出现就是为了解决大规模数据集合多重数据种类带来的挑战，尤其是大数据应用的难题，例如 Redis、HBase、InfluxDB 等。

其中较优秀的 MongoDB 数据库是一个面向文档的非关系型数据库，其基于分布式文件存储，用于超大规模数据的存储。

我们选择 MongoDB+MySQL 的组合方式来存储数据，MongoDB 专注设备数据的存储与处理，MySQL 负责系统业务数据及逻辑关系的存储管理。我们可以将设备数据以灵活的形式存入 MongoDB，MongoDB 支持 Sharding 和副本集两种集群以提供高扩展性和高可用性，并通过完全索引实现丰富的查询功能，通过日渐丰富的聚合功能实现大数据统计方面的能力。

（3）智能控制（任务调度）

智能控制是智能家居系统智能的关键部分，包括实现自动化控制和自动化组合控制，基于时间的时间计划任务式调度和基于触发的触发任务式调度。其同时满足定时、间隔、例行、触发 4 种条件设置，并支持 HTTP\MQTT 协议两种执行方式。

任务调度的实现需要依赖于高级编程语言的技术支持，如 Java 语言的监听机制以及 Java 编写的开源任务调度框架 Quartz，Java 将自己的任务调度业务放入 Quartz 的调度器内，Quartz 会自动监听任务的运行时机，待时机到来会自动驱动程序去执行事先设定好的任务，以实现对物联网系统的智能控制。

（4）API 服务

在开发阶段，后台采用前、后端分离的方式管理系统，这就需要考虑后台管理系统和系统 Web 页面的交互方式，同时，后台管理系统要给 App 使用系统提供服务支持，也需要考虑它们之间的通信方式。

为了充分解耦物联网系统，我们可以采用 RESTFUL 的软件架构风格。在目前主流的 3 种 Web 服务交互方案中，RESTFUL 相比于 SOAP（Simple Object Access Protocol，简单对象访问协议）以及 XML-RPC 更加简单明了，无论是对 URL 的处理还是对 Payload 的编码，RESTFUL 都倾向于用更加简单轻量的方法设计和实现。通过采用 RESTFUL 风格的 API 调用，可以很方便简洁地实现后台管理系统和 Web 界面及 App 系统甚至程序内部之间的 API 调用交互。

（5）App 交互

后台管理系统适用于开发者用户，其所覆盖的功能可以参见 5.1.2 小节介绍的开发者用例图。要实现随时随地、远程的、便携式的设备管理控制，就需要提供移动端（手机、iPad）的 App 使用系统。系统开发者通过 Restful 形式的 API 调用从后台服务器获取功能 API，然后将 App 系统提供给普通用户使用。App 系统被 Android 或 iOS 平台开发。

上面列出的都是抽象出的支持整个系统的底层服务引擎，涉及具体业务功能模块（设备管理、具体数据应用、具体的业务管理）的服务引擎的设计与实现和常规的互联网软件系统的设计与实现是一致的，我们只需要重点关注具体的业务逻辑实现即可。

3. 使用 UML 组件图进行功能模块分析

接下来我们介绍各个功能单元在整个系统中的位置及它们之间的关系。我们可以采用 UML 组件图使其中的逻辑关系变得清晰明确。

（1）UML 组件图简介

1）概念

组件图（Component Diagram）又被称作构件图，其描述了软件的各种组件和它们之间的结构关系。

UML 在逻辑组件（如业务组件、过程组件）和物理组件（如 EJB 组件、CORBA 组件、COM+ 组件和 .NET 组件以及 WSDL 组件）的软件系统开发阶段将项目小组人员连接起来，充当各成员间的联系纽带。

在面向对象系统的物理方面建模要用到两种图：组件图和配置图。

组件图主要有 3 种元素：组件（Component）、接口（Interface）、依赖（Dependency）。

2）元素介绍

a. 组件（Component）（又称构件）

组件定义了良好接口的物理实现单元，也是系统中可替换的物理部件和系统的模块化部分。组件代表系统的一个物理实现块，是逻辑模型元素（类、接口、协同等）的物理打包形式。组件通过它的提供接口和请求接口展现行为，起到类型应具有的作用。

UML1.X 组件图标如图 5-19 所示。

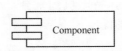

图5-19　UML1.X组件图标

UML2.0 中组件表示方式如图 5-20 所示。

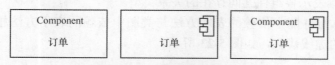

图5-20　UML2.0中组件表示方式

UML2.0 中把组件分为基本组件和包装组件。基本组件注重于把组件定义为在系统中可执行的元素；包装组件扩展了基本组件的概念，它注重于把组件定义为一组相关的元素，这组元素为开发过程的一部分，即包装组件定义了组件的命名空间方面的内容。组件的命名空间可以包括类、接口、构件、包、用况、依赖（如映射）和制品。按照这种扩展方式，组件也具有如下的含义：组件可以用来装配大粒度的组件，方法为把所复用的组件作为大粒度组件的成分，并把它们的请求和提供接口连接在一起，其可以被简单地理解为组件包含组件、组装成大组件。

组件的种类如下。

① 部署组件（Deployment Component）：它是运行系统需要的组件，如 DLL 文件、exe 文件、ejb、动态 Web 页、数据库表等。

② 工作产品组件（Work Product Component）：它包括模型、源代码文件和数据文件等，用来产生部署组件。

③ 执行组件（Execution Component）：它是系统执行后产生的组件。

b. 接口（Interface）

接口是对一组相关的操作进行声明的一种建模元素，它指定了一种约束，这些约束必须由实现这个接口的组件的任何实例完成。

接口分提供接口和请求接口，具体介绍如下：

① 实现组件的接口为提供接口（供接口），这意味着组件的提供接口是为其他组件提供服务的；

② 使用组件的接口为请求接口（需接口），即组件向其他组件请求服务时要遵循的接口。

接口表示方式如图 5-21 所示。

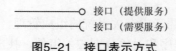

图5-21　接口表示方式

接口应用示例如图 5-22 所示。

图5-22　接口应用示例

c. 依赖（Dependency）

组件图用依赖表示各组件之间存在的关系类型。

在 UML 中，组件图中依赖的表示方法与类图中依赖的表示方法相同，都是由一个客户指向提供者的虚线箭头，如图 5-23 所示。

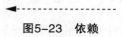

图5-23 依赖

图 5-24 所示为一个依赖关系的应用示例。

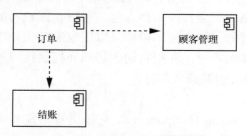

图5-24 依赖关系应用示例

我们可以将接口添加进此应用示例中，于是形成了如图 5-25 所示的依赖关系。

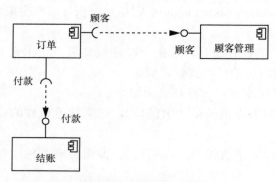

图5-25 依赖关系应用示例（添加接口）

（2）组件图建模技术

① 对系统中的组件建模，需考虑有关系统的组成管理、软件的重用和物理节点的配置等因素，把关系密切的可执行程序和对象分别归入组件，找出相应的类、接口等模型元素。

② 对相应组件提供的接口建模。

③ 对组件之间的依赖关系建模。

④ 将逻辑设计映射成物理实现。

⑤ 对建模的结果进行精化和细化。

（3）功能模块组件图实现

有了上面的组件图知识，我们就可以实现功能模块的组件图了，如图 5-26 所示。

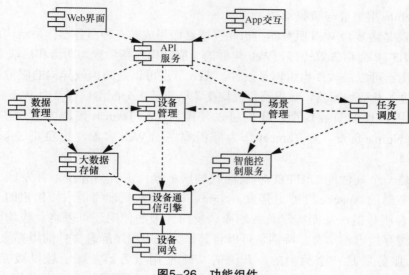

图5-26 功能组件

从图 5-26 中我们可以看出：Web 界面和 App 通过 API 服务访问系统的业务功能组件，业务功能组件通过设备通信引擎、大数据存储、智能控制服务实现对智能设备的访问管理与控制，从而打通整个物联网系统的应用层流程。

5.1.4 部署规划

依据上面的需求分析，加之整体架构规划与具体功能的设计，我们就可以通过软件工程技术构建一个物联网应用层的软件系统。

1. 系统部署架构

软件开发完成后，我们就需要规划系统的部署了。图 5-27 是华晟经世物联网云平台的系统架构图，这里主要突出了系统部署的几个主要方面。

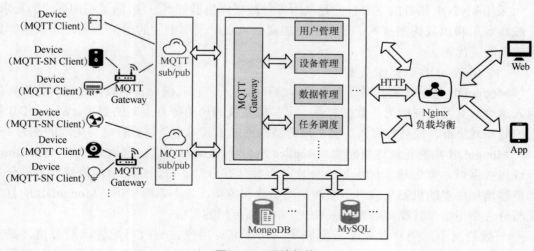

图5-27 系统架构

（1）Web 应用集群与负载均衡

Web 集群是由多台 Web 服务器主机相互联结而形成的一种服务器体系结构，包括 Web 负载均衡和 HTTP 会话失效转移。Web 集群的一般结构包括负载均衡器和后端多个 Web 节点，负载均衡器可以是软件也可以是硬件，Web 节点可以是同构或异构的服务器。用户访问请求首先进入负载均衡器，其根据负载均衡策略将请求分配给后端某个 Web 应用节点。

至于使用软件的负载均衡，我们可以使用 Nginx+Tomcat 集群方案。在该方案中，负载均衡由 Nginx 负责，而 Tomcat 作为应用程序的 Web 容器，也负责 Session 复制和 Session 共享。

Nginx 是一个高性能的 HTTP 和反向代理服务器，占有内存少，并发能力强，比同是 HTTP 服务器的 Apache 性能更强大。Nginx 采用反向代理将请求按指定的负载均衡算法转发给多台服务器，从而实现负载均衡。反向代理的使用还可以将负载均衡和代理服务器的高速缓存技术相结合，特别是可以将其作为应用程序静态文件的缓存服务。

Tomcat 服务器是一个免费的、开源的 Web 应用服务器，属于轻量级应用服务器。Web 集群中，Tomcat 主要解决 Session 共享问题，除了采用 Tomcat 本身的 Session 失效转移策略外，用户也可以利用 Memcached 来保存 Session，这样，多台 Tomcat 服务器就可共享 Session 了。

总之，Web 集群的应用可避免单点故障的产生，在主应用故障时，系统能够快速地切换到从应用上，从而让整个 Web 服务更可靠，其还具备容易扩展的特性，只需要横向扩展机器即可。

（2）MySQL 集群

MySQL 作为系统业务数据（非设备数据）的存储数据库被使用，用户请求都需要访问 MySQL，随着时间的推移、用户量以及数据量的逐渐增加，访问量剧增最终将使 MySQL 的使用达到某个瓶颈，MySQL 的性能将会大大降低。那么如何跨过这个瓶颈，提高 MySQL 的并发量呢？方法有很多，包括分布式数据库、读写分离、分库分表、高可用负载均衡、增加缓存服务器等。

采用 MySQL 集群的主要目的是采用多种数据库集群部署方法，满足不同客户的需求；集成高可用和负载均衡技术，让数据更加安装可靠；采用不同的解决方案，让数据库集群的性能更优越。

（3）MongoDB 数据库及集群

MongoDB 是系统物联网设备大数据的存储方式。物联网设备的数据存储对数据库的写入速度、并发处理能力、数据容量、可扩展性及高可用等有很高的要求。MongoDB 具有的分布式集群、高并发写入、易扩展等特性保证了其对海量数据存储与处理的能力。

MongoDB 集群包通过复制集（Replica Set）保证高可用性，通过分片集（Sharding）保证可扩展性。复制集能确保每个分片节点都具有自动备份、自动故障恢复能力，分片集能够增加更多的机器来应对不断增加的负载和数据，也不影响应用。MongoDB 的复制集与分片集相结合就能实现 MongoDB 分布式高可用的集群。

一般情况下，用户首先配置复制集，保证高可用性，同时可配置读写分离，提高 MongoDB 的读写能力。在数据量巨大的情况下，用户就需要考虑分片集，使文档数据通过分片集被分布在不同 MongoDB 服务器上，同时每个分片都可配置副本集。这样既保证了海量存储，又保证了数据的安全性和系统的可靠性。

（4）MQTT 协议服务器与集群

MQTT 协议服务器是设备通信的"中转站"和"处理器"，负责订阅数据的集中处理与分发。MQTT 协议服务器有多种实现，有的对集群扩展的支持性较差，比如 Mosquitto 只能支持桥接形式的"伪集群"，但有的可对集群提供较强的支撑，如收费的 HiveMQ、开源的 Emqtt。

用户可根据实际方案需要，选择可集群扩展的 MQTT 协议服务器 Emqtt。通过 MQTT 协议集群可以实现以下需求：在大量设备联网并不断发送数据的情况下，分摊单一 MQTT 协议服务器的压力；在任何 MQTT 协议服务器上都可以订阅与发布数据，同时，订阅者可以收到在任何服务器中发布的信息，因此可以连接海量物理设备并满足大量并发的需求等。

此外，如果还需要进一步优化系统部署，用户还可以配置缓存服务如 Memcache，实现 Nginx 高可用等，甚至可以使用 F5 等硬件集群。

2. 系统部署图

我们也可以使用 UML 的部署图去规划系统的部署。在此之前我们先来了解下 UML 部署图及其使用方法。

（1）UML 部署图简介

1）部署图简介（Deployment Diagram Introduction）

部署图描述的是系统运行时的结构，展示了硬件的配置及软件如何部署到网络结构中。从部署图中，我们可以了解软件和硬件组件之间的物理关系以及处理节点的组件分布情况。

软件实现完成后，我们可用部署图描绘出软、硬件之间的物理拓扑结构，清晰地说明系统的使用部署情况、环境情况等。通过部署图，负责系统的相关人员可以知道软件应该安装在哪个硬件之上。

2）部署图元素（Deployment Diagram Elements）

部署图主要由节点和关系两部分组成。有的部署图中也包含组件，但是组件必须在相对应的节点上，不可以孤立存在。

a. 节点（Node）

节点是计算资源的通用名称，包括处理器和设备，两者的区别为：处理器是可以执行程序的硬件结构，如计算机和服务器等；设备是通过接口对外进行服务的，如打印机。

节点表示：立体矩形框，处理器是带阴影的立方体，设备是不带阴影的立方体，如图 5-28 所示。

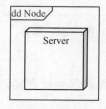

图5-28 节点

b. 节点实例（Node Instance）

节点实例名称格式如下。

Node Instance : Node

其与节点的区别在于名称有下划线和节点类型前面有冒号，冒号前面可以有示例名称也可以没有示例名称，如图 5-29 所示。

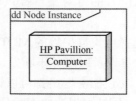

图5-29 节点实例

c. 节点类型（Node Stereotypes）

节点类型有：Cdrom、CD-Rom、Computer、Disk Array、PC、PC Client、PC Server、Secure、Server、Storage、Unix Server、User PC，不同的类型通过在节点的右上角用不同的图标进行标识，如图 5-30 所示。

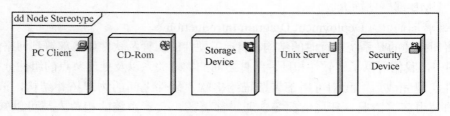

图5-30 节点类型

d. 物件（Artifact）

物件是软件开发过程中的产物，包括过程模型（比如用例图、设计图等）、源代码、可执行程序、设计文档、测试报告、需求原型、用户手册等。物件表示如图 5-31 所示，带有关键字"Artifact"和文档图标。

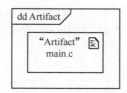

图5-31 物件

e. 连接（Association）

如图 5-32 所示，节点之间的连线表示系统之间进行交互的通信路径，这个通信路径被称作连接（Association）。

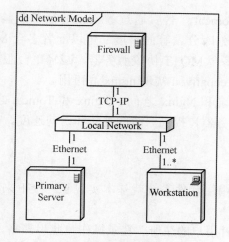

图5-32　节点连接

3）部署图绘制

① 找出所要绘图系统的节点，确定节点。

② 找出节点间的通信联系。

③ 绘制部署图，每个节点都有名称，标明节点间物理联系的名称。

（2）UML 部署图实现

图 5-33 是根据前文的部署规划利用 Rational Rose 做出的 UML 部署图，其中每一个组件都采用单节点，为的是更直观地表现各个部署节点间的关系，并不代表实际生产环境配置。用户可以根据实际的方案需求与设计，完善部署图中的每一个节点及节点间的每一个细节。

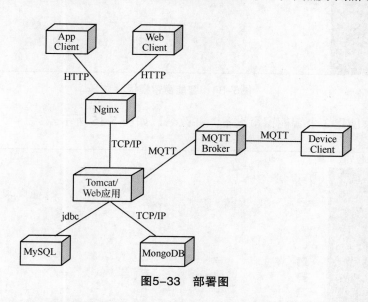

图5-33　部署图

如图 5-33 所示，Nginx、Tomcat、MySQL、MongoDB、MQTT 协议服务器都是单节点部署，我们完全可以对它们进行扩展。

我们可以配置多台 Tomcat，然后通过 Nginx 进行负载均衡操作；可以配置多台 MySQL，实现读写分离、分库分表等的扩展；可以配置多台 MongoDB，实现副本集和分片集的搭建；可以配置多台 MQTT 协议服务器，减轻单台服务器的压力；我们还可以配置多台 Nginx，并利用 Keepalived 实现 nginx 高可用。

我们还可以在客户端和 Nginx 之间、Nginx 和 Tomcat 之间、Tomcat 和 MySQL、MongoDB 之间配置缓存服务器，提高系统的性能和访问速度。

5.1.5　实现案例

至此，一个物联网应用层软件系统就基本实现了。接下来我们利用华晟经世物联网云演示智能家居系统。

首先我们要执行开发者用户的注册、登录操作，此步骤略。

1. 创建设备

然后我们通过创建模板（模板是设备的共性抽象）来创建设备。

智能窗帘模板如图 5-34 所示。

图5-34　智能窗帘模板

通过该模板创建 3 个智能窗帘设备，并改名，如图 5-35 所示。

图5-35　智能窗帘设备列表

2. 创建通道

选择智能窗帘——客厅设备，创建数据通道用于控制窗帘的开和闭（展开和收起），如图5-36所示。

图5-36 窗帘通道

3. 对接设备

有了这两个开闭通道（向上和向下），我们就可以接入设备了。具体做法是将该智能窗帘所属客厅的设备 UUID（0a2e48e579fb4795af5cddae4847981c）写入实际窗帘的嵌入式程序中用于识别该设备。然后将方向为向上的开闭通道 ID（f3c6c44f54344fb8af45bcfb9c9a2e67）写入嵌入式程序以使窗帘可上传其实际的开闭状态，将方向为向下的开闭通道 ID（b81b32200d1a4d06a62236fde73132e5）写入嵌入式程序用于识别用户发起的对该窗户的开闭控制操作，并使窗帘可做出相应的开闭状态改变。这里需要结合感知层和网络层的设计与程序实现，就不再赘述。

4. App 查看与控制

设计端程序调试好后，我们可以注册一个 App 用户并登录，然后试着去控制该窗帘并查看其状态。我们可通过扫一扫该窗帘二维码，绑定该设备，如图5-37所示。

图5-37 App窗帘设备

单击设备详情页的开闭按钮：若为开，则窗帘会处于展开状态；若为闭，则窗帘会处于收起状态，如图 5-38 所示。

图5-38 App窗帘开闭控制

5.1.6 任务回顾

知识点总结

1. 物联网应用层的内容及智能家居系统功能。
2. 利用 UML 用例图做需求分析。
3. 应用层架构分析。
4. 利用 UML 组件图做应用层功能设计。
5. 利用 UML 部署图做应用层系统部署规划。

学习足迹

任务一学习足迹如图 5-39 所示。

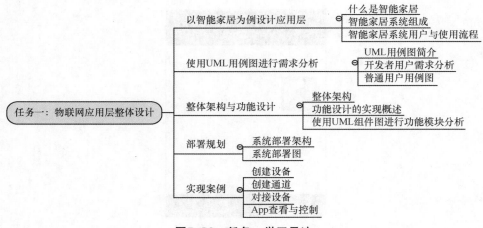

图5-39 任务一学习足迹

> 思考与练习

1. 我们说的物联网应用层是指物联网 _____ 层面的系统，使用到的技术和 _____ 应用层具有异曲同工之处。

2. UML 用例图包含元素有：_____ 、_____ 、子系统、_____ 、项目、注释。

3. 简述物联网应用层架构功能设计需要考虑哪些方面。

4. 简述如何在部署层面突破系统的瓶颈提高系统的性能。

5.2　任务二：应用层关键技术简述

【任务描述】

我们说的物联网应用层技术是指物联网软件技术，其核心和基础仍然是互联网技术，是在互联网技术基础上的延伸和扩展。软件技术涉及软件工程的整个生命周期，包括计划制订、需求分析、设计、编码实现、测试、运行维护等。每一个阶段都有其特有的技术，设计阶段需要建模语言与建模工具的支持，编码阶段实现需要高级编程语言及框架的支持，测试阶段需要专业的测试工具与方法的支持，运维阶段需要计算机网络和计算机硬件技术的支持。

接下来，我们主要从软件开发与部署方面来简析物联网应用层的一些关键技术。

5.2.1　设备通信之MQTT协议

1. 简介

MQTT 协议（Message Queuing Telemetry Transport，消息队列遥测传输）是一种基于发布 / 订阅模式的"轻量级"通信协议，该协议构建于 TCP/IP 基础上。它的设计思想是轻巧、开放、简单、规范，因此易于实现，其可以以极少的代码占用空间和有限的网络带宽，为连接远程设备提供实时可靠的消息服务。作为一种低开销、低带宽占用的即时通信协议，在很多情况下，包括受限的环境，例如机器与机器的通信（M2M）、物联网环境（IoT）、移动应用等方面已经有较广泛的应用。MQTT v3.1.1 现已成为 OASIS 标准。

除标准版外，MQTT 协议还有一个简化版——MQTT-SN，它是适配传感装置（缩写为 SA）的特定版 MQTT 协议，针对的是非 TCP / IP 网络上的嵌入式设备，如 ZigBee。MQTT-SN 是无线传感器网络（WSN）发布 / 订阅消息的传递协议，旨在将 MQTT 协议扩展到传感器和执行器解决方案的 TCP / IP 基础设施范围之外。

2. 特点

本协议运行于 TCP/IP 或其他提供有序、可靠、双向连接的网络连接上。它有以下特点。

- 使用发布 / 订阅消息模式，提供了一对多的消息分发和应用之间的解耦。

- 消息传输不需要知道负载内容。
- 提供 3 种等级的服务质量。

① "最多一次"，依据操作环境，尽所能提供最大努力的分发消息。消息可能会丢失。例如，这个等级可用于环境传感器数据，单次的数据丢失没有关系，因为不久之后会再次发送。

② "至少一次"，保证消息可达，但是可能会重复。

③ "仅一次"，保证消息只达一次。例如，这个等级可用在一个计费系统中，如果消息重复或丢失会导致不正确的收费。

- 很小的传输消耗和协议数据交换，最大限度减少网络流量。
- 异常连接断开时，能通知到相关各方。

3. 原理

实现 MQTT 协议需要：客户端和服务器端。

MQTT 协议中有 3 种身份：发布者（Publish）、代理（Broker）、订阅者（Subscribe）。其中，消息的发布者和订阅者都是客户端，消息代理是服务器，消息发布者可以同时是订阅者。

MQTT 协议传输的消息分为主题（Topic）和负载（payload）两部分。Topic，可以理解为消息的类型，订阅者订阅（Subscribe）后，就会收到该主题的消息内容（payload）。

MQTT 协议发布订阅模式如图 5-40 所示。

图5-40　MQTT协议发布订阅模式

4. 实现

MQTT 协议因为是协议，所以不能拿来直接应用，就好比 HTTP 一样，需要找实现这个协议的库或者服务器来运行。MQTT 协议的实现分服务器和客户端。

MQTT 协议的官网提供了官方推荐的各种服务器和客户端使用的各种语言版本的 API。

（1）MQTT 协议服务器

MQTT 协议服务器也称为"消息代理"（Broker），它可以是一个应用程序，也可以是一台设备。它位于消息发布者和订阅者之间，它可以接受来自客户的网络连接；接受客户发布的应用信息；处理来自客户端的订阅和退订请求；向订阅的客户转发应用程序消息。

常见的 MQTT 协议服务器：

① MQTTnet 是 MQTT 协议的 .NET 开源类库；

② Moquette 是一个基于 Netty 的事件模型的 Java MQTT 协议代理；

③ Mosquitto 是一款带有 C 和 C ++ 客户端库的开源 MQTT 协议服务器；

④ emqttd 是一个用 Erlang / OTP 编写的分布式、大规模扩展、高度可扩展的 MQTT 协议消息代理；

⑤ RabbitMQ 是一个 AMQP 消息代理——带有一个 MQTT 协议插件（捆绑在版本 3.x 以上）；

⑥ Apache Apollo 是 ActiveMQ 的"下一代"，通过插件支持 MQTT 协议；

⑦ HiveMQ 是一个 MQTT 协议代理，它从头开始构建，具有最大的可扩展性和企业级安全性；

⑧ Mosca 作为 node.js 编写的 MQTT 协议代理可以作为插件嵌在 Redis、AMQP、MQTT 协议或 ZeroMQ 之上；

⑨ Mosca 是一个 node.js MQTT 协议代理服务器，可以独立使用，也可以嵌入在另一个 Node.js 应用程序中。

（2）MQTT 协议客户端库

MQTT 协议客户端（Client）是一个使用 MQTT 协议的应用程序或者设备，它总是建立到服务器的网络连接。客户端可以发布其他客户端可能会订阅的信息；订阅其他客户端发布的消息；退订或删除应用程序的消息；断开与服务器的连接。

部分语言实现的部分客户端库如下。

1）有设备专用的

Espduino（为 ESP8266 量身定制的 Arduino 库）

mbed（Paho 嵌入式 C 端口）

2）C 语言实现的

Eclipse Paho C

Eclipse Paho Embedded C

3）C++ 的

Eclipse Paho C++

libmosquittopp

4）Java 的

Eclipse Paho Java

moquette

Fusesource mqtt-client

5）Javascript / Node.js 的

Eclipse Paho HTML5 JavaScript over WebSocket.

mqtt.js

6）Python 的

Eclipse Paho Python - originally the mosquitto Python client

nyamuk

（3）实例过程

那么，如何实现一个简单的 MQTT 协议应用呢？首先，安装一个 MQTT Broker（Server），如 mosquitto，负责消息代理与中转；其次，下载一个 MQTT Client 库的源码，如 Eclipse Paho，通过使用 Client 库实现的连接代码新建一个 Client1 连接到 Broker，通过订阅发布代码向 Broker 订阅消息或发布消息；最后，新建另一个 Client2 并连接到

Broker，通过订阅 Client1 的发布主题，接收 Client1 发布的消息，通过 Client1 订阅的主题向其推送消息。这样 Client1 和 client2 就实现了简单的互相通信。

总之，MQTT 协议是专门针对物联网开发的轻量级传输协议，它被设计用于轻量级的发布 / 订阅式消息传输，旨在为低带宽和不稳定的网络环境中的物联网设备提供可靠的网络服务。MQTT 协议针对低带宽网络、低计算能力的设备，做了特殊的优化，使得其能适应各种物联网应用场景。目前，MQTT 协议拥有各种平台和设备上的客户端，已经形成了初步的生态系统。

5.2.2　数据存储之MongoDB

1. 简介

MongoDB 是一个免费的、开源的、跨平台的、面向文档的数据库，被分类为非关系型（NoSQL）数据库。MongoDB 是非关系型数据库中功能最丰富、最像关系型数据库的，因为 MongoDB 支持的查询语言非常强大，其语法类似于面向对象的查询语言，可以实现类似关系型数据库单表查询的绝大部分功能，而且还支持对数据建立索引。

MongoDB 由 C++ 语言编写，旨在为 Web 应用提供可扩展的高性能数据存储解决方案。

大家可以从 MongoDB 官网上找到大部分有关数据库的相关资料，如：各种版本的安装包下载、文档、最新的 MongoDB 资讯、社区以及教程等。

2. 特点

MongoDB 的特点是高性能、易部署、易使用，存储数据非常方便，如图 5-41 所示。

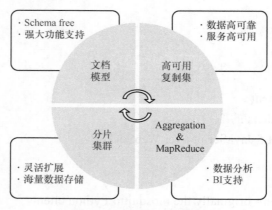

图5-41　MongoDB特点

它的主要功能特性有以下几点：

① 面向集合存储、易存储对象类型的数据；

② 文件存储格式为 BSON（一种 JSON 的扩展）。使用高效的二进制数据存储，包括大型对象（如视频等）；

③ 模式自由，无需知道它的结构定义，可以把不同结构的文档存储在同一个集合里；

④ 支持的查询语言非常丰富。它提供数据聚合、文本搜索和地理空间查询等；

⑤ 支持完全索引，包含来自嵌入式文档和数组的键；

⑥ 提供副本集，支持复制和故障恢复，支持主从复制机制；

⑦ 自动处理分片，以支持云计算层次的扩展；

⑧ 强大的聚合工具。MongoDB 除了提供丰富的查询功能外，还提供强大的聚合工具，如 Count、Group 等，支持使用 MapReduce 完成复杂的聚合任务；

⑨ 支持多种存储引擎，另外提供可插拔的存储引擎 API，允许第三方为 MongoDB 开发存储引擎；

⑩ 可以通过本地或者网络创建数据镜像，这使得 MongoDB 有更强的扩展性。

到目前为止，MongoDB 是一个新的和普遍使用的数据库。它比传统的数据库快 100 倍，不可否认的是，在性能和可扩展性方面 MongoDB 有着明显的优势。

3. 基本原理与概念

MongoDB 是工作在集合和文档上的。

（1）数据库（DB）

数据库是一个集合的物理容器。每个数据库获取其自己设定在文件系统上的文件。一个 MongoDB 服务器可以建立多个数据库，每一个数据库都有自己的集合和权限。

（2）集合（Collection）

集合是一组 MongoDB 文档，它与一个 RDBMS 表是等效的。集合是无模式的，也就是说集合中的文档可以是各式各样的。

（3）文档（Document）

文档是 MongoDB 中数据的基本单位，类似于关系型数据库表中的一行（但是比行复杂）记录。数据结构由键值对组成，多个键及其关联的值有序地放在一起就构成了文档，如图 5-42 所示。

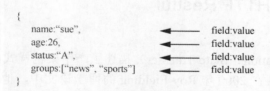

图5-42 MongoDB文档结构示例

这种存储形式被称为 BSON（Binary JSON），即 MongoDB 将数据记录存储为 BSON 文档，BSON 可以被理解为 JSON 的二进制表示，但它包含比 JSON 更多的数据类型，如 Date、Binary data。

文档字段的值可以是任何 BSON 数据类型，包括其他文档、数组和文档数组。文档具有动态模式。动态模式是指，在同一个集合的文档不必具有相同一组集合的文档字段或结构，并且相同的字段可以保存不同类型的数据。

其他诸如数据字段、索引等概念见表 5-3，表中列出了与关系型数据库概念的对应项。

表5-3　MongoDB概念及与SQL概念对比

SQL术语/概念	MongoDB术语/概念	解释/说明
Database	Database	数据库
Table	Collection	数据库表/集合
Row	Document	数据记录行/文档
Column	Field	数据字段/域
Index	Index	索引
Table Joins		表连接，MongoDB不支持
Primary Key	Primary Key	主键，MongoDB自动将_id字段设置为主键
Aggregation（e.g. group by）	Aggregation Pipeline	聚合

4. 使用

MongoDB 支 持 PYTHON、Java、C、C++、PHP、C#、RUBY、Perl、JavaScript 等多种语言。

MongoDB 官网提供了不同语言的驱动程序，供开发者用户快速开发 MongoDB 应用。如若要在 Java 程序中使用 MongoDB，则只需下载适合的 Java 驱动，即可开始操作 MongoDB。同时，我们也可以使用第三方框架来代替官方驱动使用 MongoDB，例如 Java 开发的有 Morphia、Spring Data MongoDB、Jongo 等。

MongoDB 的灵活文档模型 + 高可用复制集 + 可扩展分片集群等核心特征使得 MongoDB 适用于分布式存储架构，需要海量数据存储与处理的能力，并对事务性要求不高的实时性数据处理等场景。所以，MongoDB 非常适合作为物联网的数据库使用。

5.2.3　接口服务之HTTP Restful

1. 简介

REST（Representational State Transfer）描述了一个架构样式的网络系统，比如 Web 应用程序。它首次出现在 2000 年 Roy Fielding 的博士论文中，他是 HTTP 规范的主要编写者之一。在目前主流的 3 种 Web 服务交互方案中，REST 相比于 SOAP（Simple Object Access Protocol，简单对象访问协议）以及 XML-RPC 更加简单明了，无论是对 URL 的处理还是对 Payload 的编码，REST 都倾向于用更加简单轻量的方法设计和实现。满足这些约束条件和原则的应用程序或设计就是 Restful。

Restful 是一种软件架构风格、设计风格，而不是标准，只是提供了一组设计原则和约束条件。它主要用于客户端和服务器交互类的软件。基于这个风格设计的软件更简洁，更有层次，更易于实现缓存等机制。

2. 原则

REST 用 URL 表示资源，用 HTTP 方法表示操作。

用 URL 表示资源。资源就像商业实体一样，是我们希望作为 API 实体呈现的一部分。通常它是一个名词，每个资源都用一个独一无二的 URL 来表示。

用 HTTP 方法表示操作。REST 充分利用了 HTTP 的方法，特别是 GET、POST、PUT 和 DELETE。注意，XMLHttpRequest 对象实现了全部的方法，具体可以参看 W3C HTTP 1.1 Specification。

也就是说，客户端的任何请求都包含一个 URL 和一个 HTTP 方法。这种方式是清晰明了的，也许和精确命名的方式有所区别，但是只要遵循这种形式，我们就能很快对要访问的资源进行增、删、改、查等操作。

Restful 的原则：

① URL 表示资源。

② HTTP 方法表示操作。

③ GET 只是用来请求操作。GET 操作永远都不应该修改服务器的状态，但是这个也要针对具体情况分析。例如一个页面中的计数器，每次访问确实引起了服务器数据的改变，但是在商业上来说，这并不是一个很重要的改变，所以仍然可以使用 GET 的方式来修改数据。

④ 服务应该是无状态的。在有状态的会话中，服务器可以记录之前的信息。而 Restful 风格是不应该让服务器记录状态的，只有这样，服务器才具备可扩展性。当然，我们可以在客户端使用 cookie，而且只能用在客户端向服务器发送请求的时候。

⑤ 服务应当是"幂等"的。"幂等"表示可以发送消息给服务，然后可以再次毫不费力地发送同样的消息给服务。例如对一个比赛网站，发送一个"删除第 995 场比赛"的消息，可以发送 1 次，也可以连续发送 10 次，最后的结果都会保持一致。当然，Restful 的 GET 请求通常是"幂等"的，因为服务器的状态基本不会改变。注意：POST 请求不能被定义为"幂等"，特别是在创建新资源的时候，一次请求可以创建一个资源，多次请求会创建多个资源。

⑥ 拥抱超链接。资源表示通过超链接互联。

⑦ 服务应当自我说明。要让一个资源可以被识别，需要有个唯一标识，在 Web 中这个唯一标识就是 URI。URI 既可以看成是资源的地址，也可以看成是资源的名称。如果某些信息没有使用 URI 来表示，那它就不能算是一个资源，只能算是资源的一些信息而已。URI 的设计应该遵循可寻址性原则，具有自描述性，需要在形式上给人以直觉上的关联。

⑧ 服务约束数据格式。数据必须符合要求的格式。

3. 实现

由于轻量级以及通过 HTTP 直接传输数据的特性，Restful 风格的 Web 服务越来越流行，它可以使用各种语言（如 Java、Perl、Ruby、Python、PHP）实现客户端应用。Restful Web 服务通常可以通过自动化客户端或代表用户的应用程序来访问。这种服务的简便性让用户能够与之直接交互，用户直接使用 Web 浏览器构建一个 HTTP 方法的 URL 即可访问 Restful 架构的服务，并拿到返回的资源将其渲染成 Web 页面。

Restful 风格的 Web 服务开发还可以简化开发者的开发流程。Restful 促使后端与前端分离，后端与移动端分离。API 调用的方式可实现各端之间的交互。服务端开发者不需要关注前端的显示效果，前端和客户端开发人员不需要考虑服务端如何实现，只需关注自己需要的资源即可。

在 REST 风格的 Web 服务中，每个资源都有一个地址。资源本身都是方法调用的目标，方法列表对所有资源都是一样的。这些方法都是标准方法，包括 HTTP GET、POST、PUT、DELETE，还可能包括 HEADER 和 OPTIONS。

对于 JAVA 开发的 Web 应用，有两个框架可以帮助构建 Restful Web 服务。

Restlet 为"建立 REST 概念与 Java 类之间的映射"提供了一个轻量级而全面的框架。它实现针对各种 Restful 系统的资源、表示、连接器和媒体类型之类的概念，包括 Web 服务。在 Restlet 框架中，客户端和服务器都是组件，组件通过连接器互相通信。该框架最重要的类是抽象类 Uniform 及其具体的子类 Restlet，该类的子类是专用类，比如 Application、Filter、Finder、Router 和 Route。这些子类能够一起处理验证、过滤、安全、数据转换以及将传入请求路由到相应资源等操作。Resource 类生成客户端的表示形式。

JSR-311 是 Sun Microsystems 的规范，可以为开发 Restful Web 服务定义一组 JAVA API。JSR-311 提供一组注解，相关类和接口都可以用来将 Java 对象作为 Web 资源展示。该规范假定 HTTP 是底层网络协议，它使用注释提供 URI 和相应资源类之间的清晰映射，以及 HTTP 方法与 Java 对象方法之间的映射。API 支持广泛的 HTTP 实体内容类型，包括 HTML、XML、JSON、GIF、JPG 等。它还将提供插件功能，允许使用标准方法通过应用程序添加其他类型。Jersey 是 Sun 公司对 JSR-311 实现的开源框架。

当然，Java 开发框架 Spring MVC 对 Restful 有很好的支持，只需要使用 Spring 标准的注解配置即可实现 Restful API 的开发。

另外，Swagger 框架开放应用程序接口规格，它是一套规范，是一个以功能强大的定义格式来描述 REST 风格的 API。Swagger 的目标是为 REST API 定义一个标准的与语言无关的接口，使人和计算机在看不到源码或看不到文档或不能通过网络流量检测的情况下能理解各种服务的功能。服务通过 Swagger 定义，通过少量的实现逻辑就能实现消费者与远程服务的互动。类似于低级编程接口，Swagger 去掉了调用服务时的很多猜测。

Swagger 是当前最好用的 Restful API 文档生成的框架，它通过 Swagger-Spring 项目实现了与 SpingMVC 框架的无缝集成，方便生成 Spring Restful 风格的接口文档，同时 Swagger-UI 还可以测试 Spring Restful 风格的接口功能。Spring 集成 Swagger 实现的接口文档如图 5-43 所示。

5.2.4　系统架构

一个应用服务从无到有，从简单到复杂，从关注满足使用到考虑性能与稳定性，是个日趋完善与成熟的过程。这个过程必然伴随着系统架构的演变，可以说，一个应用服务的好坏，其系统架构起着至关重要的作用。随着应用功能和性能的要求越来越高，架构的设计也会越来越复杂，用到的技术也在不断更替与提升。

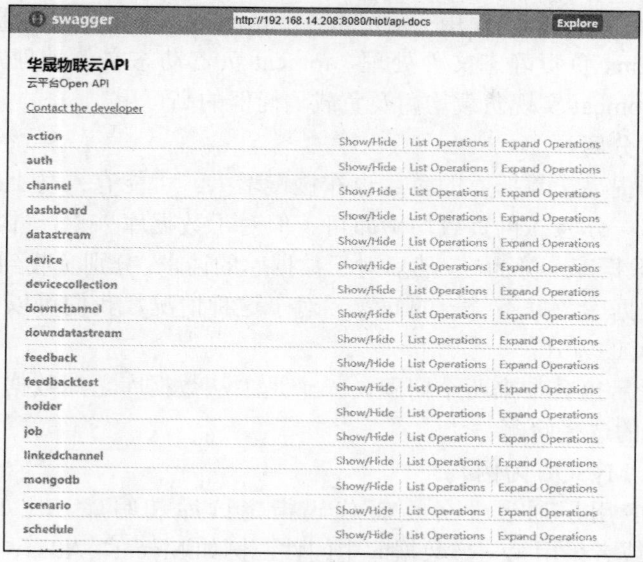

图5-43　Swagger接口文档

下面我们以 Java Web 应用为例，来看架构技术的演进与提升。

1. 单机应用

应用的初期，我们经常会在单机上运行我们所有的程序和软件。此时我们使用一个容器，如 tomcat、jetty、jboss，然后直接使用 JSP/servlet 技术，或者使用一些开源的框架如 maven+spring+struct+hibernate、maven+spring+springmvc+mybatis；接着再选择一个数据库管理系统来存储数据，如 MySQL、Sqlserver、Oracle，最后通过 JDBC 进行数据库的连接和操作。

2. 应用服务器与数据库分离

随着应用的上线，访问量逐步上升，服务器的负载慢慢提高，在服务器还没有超载的时候，我们应该就要做好准备，提升应用的负载能力。假如我们代码层面已难以优化，那么在不提高单台机器性能的情况下，增加机器是一个不错的方式，这样不仅可以有效地提高系统的负载能力，而且性价比高。

增加的机器用来做什么呢？此时我们可以把数据库、Web 服务器拆分开来，这样不仅提高了单台机器的负载能力，而且提高了容灾能力。

3. 应用服务器集群

随着访问量继续增加，单台应用服务器已经无法满足数据需求了。在假设数据库服务器没有压力的情况下，我们可以把应用服务器从一台变成两台甚至多台，把用户的请求分散到不同的服务器中，从而提高负载能力。多台应用服务器之间没有直接的交互，他们都是依赖数据库各自对外提供服务。

在此阶段，常用的负载均衡软件有 LVS、Nginx、Haproxy 等；负载均衡硬件有 F5、Netscaler、Radware、A10；常用的高可用软件有 Keepalived、Heartbeat 等。比如，我们可以利用 nginx+tomcat 实现 Web 集群的负载均衡，这里的 nginx 作为反向代理服务器和负载均衡服务器。我们可以使用 lvs+ngnix+tomcat 实现负载均衡集群及动静分离，lvs 负责集群调度，nginx 负责静态文件处理，tomcat 负责动态文件处理。我们还可以通过 keepalived+nginx+tomcat 实现负载均衡及负载均衡器的高可用。

4. 数据库读写分离

随着访问量的提高，数据库的负载也在慢慢增大。可能有人马上想到，与应用服务器一样，把数据库一分为二再负载均衡即可。但对于数据库来说，并没有那么简单。假如，我们简单地把数据库一分为二，然后对于数据库的请求，分别负载到 A 机器和 B 机器，那么会造成两台数据库数据不统一的问题。对于这种情况，我们可以先考虑使用读写分离（Master+Slave）的方式。

这个结构变化后也会带来两个问题，一个是主从数据库之间数据同步问题；另一个是应用对于数据源的选择问题。

解决方案（以 MySQL 为例）：

我们可以在应用层通过业务逻辑代码指定读库和写库，比如开源的 TDDL 和 sharding-jdbc 框架或者采用第三方数据库中间件，例如 Mycat、Atlas、MySQL Proxy 等。

5. 用搜索引擎缓解读库的压力

用数据库作为读库的话，用户常常会对模糊查找力不从心，即使做了读写分离，这个问题也未能解决。对于模糊查找需求，一般我们都是通过 SQL 语句的 Like 功能来实现的，但是这种方式的代价非常大。此时，我们可以使用搜索引擎的倒排索引来完成。

使用搜索引擎能够大大提高查询速度。值得注意的是，搜索引擎并不能替代数据库，它解决了某些场景下的"读"的问题，但是否引入搜索引擎，需要综合考虑整个系统的需求。

部分优秀的搜索引擎框架有 Apache 的 Lucene 和 Solr、ElasticSearch 等。

6. 用缓存缓解读库的压力

随着访问量的增加，逐渐出现了许多用户访问同一部分内容的情况，对于这些比较热门的内容，没必要每次都从数据库读取。我们可以使用缓存技术，例如可以使用 Google 的开源缓存技术 Guava 或者使用 memcacahe 作为应用层的缓存，也可以使用 Redis 作为数据库层的缓存。

另外，在某些场景下，关系型数据库并不是很适合用，例如要开发一个"每日输入密码错误次数限制"的功能，那么在用户登录时，如果登录错误，则记录下该用户的 ID 和错误次数，记录的数据要放在哪里呢？假如放在内存中，那么显然会占用太大的空间；假如放在关系型数据库中，那么既要建立数据库表，还要建立对应的 Java Bean，并且还要写 SQL 等。分析一下我们要存储的数据，无非就是 key:value 这样的数据，对于这种数据，我们可以用 Redis 这样的 NoSQL 数据库来存储。

7. 数据库水平拆分与垂直拆分（分库分表）

我们的应用演进到现在，所有数据都还在同一个数据库中。尽管采取了增加缓存和读写分离的方式，但随着数据库的压力继续增加，数据库的瓶颈越来越明显。此时，我们有数据垂直拆分和水平拆分两种选择，即分库分表。

（1）数据垂直拆分

垂直拆分是将数据库中不同的业务数据拆分到不同的数据库中。这样可以解决原来把所有业务放在一个数据库中的压力问题。我们可以根据业务的特点进行更多的优化。

不过，在应用层应尽量避免跨数据库的事物，如果非要跨数据库，那么尽量在代码中控制。我们可以通过第三方应用解决问题，如上面提到的 Mycat，Mycat 提供了丰富的跨库 Join 方案。

（2）数据水平拆分

数据水平拆分是把同一个表中的数据拆分到两个甚至多个数据库中。产生数据水平拆分的原因是某个业务的数据量或者更新量到达了单个数据库的瓶颈，这时就需要把单个数据库拆分到两个或多个数据库中。这样，我们将能够很好地应对数据量及写入量增长的情况。

但是出现的问题是，访问用户信息的应用系统需要解决 SQL 路由的问题，因为用户信息分在了两个数据库中，需要在进行数据操作时了解需要操作的数据在哪里。主键的处理也变得不同，例如原来自增字段，现在不能简单地继续使用了；如果需要分页，就更麻烦了。

为此，我们也可以通过第三方中间件解决，例如 Mycat。Mycat 可以通过 SQL 解析模块对 SQL 解析，再根据配置，把请求转发到具体的某个数据库中。我们可以通过 UUID 保证唯一或自定义 ID 方案来解决。Mycat 还提供了丰富的分页查询方案，比如先从每个数据库做分页查询，再合并数据做一次分页查询等。

8. 应用的拆分（分布式应用）

随着业务的发展，应用越来越多。我们需要考虑如何避免应用越来越臃肿。这就需要把应用拆开，把一个应用变为两个甚至更多，这就是我们常说的分布式应用系统。

我们把公共的服务拆分出来，形成一种服务化的模式，称为 SOA（Service-Orien ted Arch ite cture，面向服务的结构）。

随之而来的就是拆分之后每个分布式应用组件间通信的问题。这里涉及 RPC 远程过程调用，在 Java 中是 RMI。我们可以采用 Web Service、SOAP、RPC-xml 等协议实现。

我们可以使用消息中间件如 ActiveMQ、RabbitMQ、RocketMQ、Kafka 等进行组件间基于队列或主题形式的消息传递。

当然有众多优秀的框架为我们解决了这个分布式调用问题。Netty 为我们解决了高效网络通信的问题；Zookper 为我们解决了应用服务间的管理协调问题；Dubbo、Thrift 是综合性的分布式服务框架；Spring Cloud 是新型的微服务架构。

总之，系统架构既复杂又灵活，我们需要根据不同的需求，选择不同的架构及其组件。

5.2.5　任务回顾

知识点总结

1. MQTT 协议原理、特点及服务器和客户端实现。

2. MongoDB 数据存储特点及其与 SQL 的比较。

3. 什么是 REST ？ REST 原则及 Restful 风格的 Web 应用的实现。

4. 应用服务架构的演变及其不同阶段涉及的技术。

学习足迹

任务二学习足迹如图 5-44 所示。

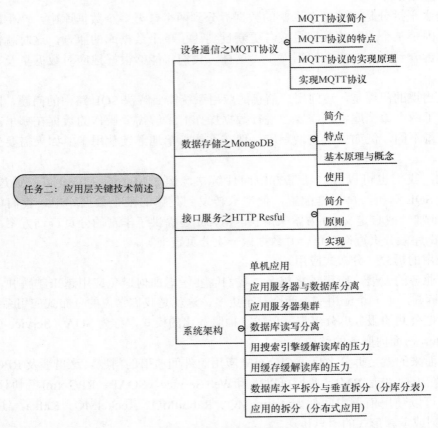

图5-44   任务二学习足迹

思考与练习

1. MQTT 协议是基于 _____/_____ 模式的轻量级通信协议，构建于 _____ 协议之上。MQTT 协议的三种身份：_____、_____、_____。

2. 简述如何实现 MQTT 协议应用。

3. 简述 MongoDB 的特点及其与关系型数据库的区别。

4. 简述 Restful 风格的 Web 应用的特点及 Java 实现。

5. 简述系统架构的演变过程。

5.3　项目总结

　　本项目为物联网方案的设计与实现的最后阶段，是物联网方案成果的重要呈现。通过学习本项目，我们了解了物联网应用层的内容、如何分析物联网的应用场景、如何针对特定场景进行应用的需求分析、UML 统一建模语言的使用、如何设计应用的功能以及如何进行应用系统的部署规划；同时了解了物联网应用层的关键技术及其在应用系统中的位置，以及如何分析系统架构及针对不同阶段设计系统架构。

　　学生通过本项目的学习，提高了物联网应用层的软件设计能力，提升了对物联网应用层的系统架构的认识。

　　项目总结如图 5-45 所示。

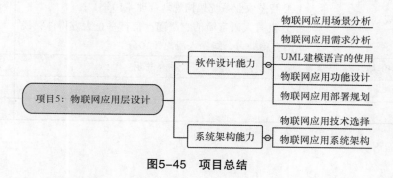

图5-45　项目总结

5.4　拓展训练

自主分析：物联网智慧农业场景分析

　　物联网应用场景包括智能家居、智能电网、智能交通、智能物流、智慧农业等。现针对智慧农业场景分析其用户群体、用户需求、场景功能等。

　　◆　分析内容：

　　• 对智慧农业的整体认识与描述；

　　• 分析智慧农业的受众群体及用户的需求；

　　• 采用 UML 用例图、组件图、部署图等需求分析、系统功能设计与部署规划。

　　◆　**格式要求**：撰写 Word 版本的分析报告，并采用 PPT 概括讲解。

　　◆　**考核方式**：提交分析报告，并采取课内发言的方式，时间要求 5~8 分钟。

　　◆　**评估标准**：见表 5-4。

表5-4　拓展训练评估标准表

项目名称：物联网智慧农业场景分析	项目承接人：姓名：	日期：
项目要求	**评价标准**	**得分情况**
智慧农业的整体认识与描述（20分）	① 智慧农业概念及其发展现状及未来趋势（10分）；② 发言人语言简洁、严谨；言行举止大方得体；说话有感染力，能深入浅出（10分）	
分析智慧农业的受众群体及用户的需求（30分）	① 受众群体描述及其特点（20分）；② 发言人语言简洁、严谨；言行举止大方得体；说话有感染力，能深入浅出（10分）	
采用UML用例图、组件图、部署图等进行需求分析、系统功能设计与部署规划（50分）	① UML用例图及需求分析合理（10分）；② UML组件图及系统功能设计合理（10分）；③ UML部署图及部署规划合理（10分）；④ 智慧农业系统架构规划合理（10分）；⑤ 发言人语言简洁、严谨；言行举止大方得体；说话有感染力，能深入浅出（10分）	
评价人	**评价说明**	**备注**
个人		
老师		

项目 6

物联网云解决方案

 项目引入

没错，又是我，我会陪你们很长时间的，因为我是 Lang（相信你们都会读成 long）。

昨天我们项目团队成员个个"酩酊大醉"，因为我们在感知层、网络层、应用层的研究都取得了成果并通过了初步测试，Philip 请我们"吃喝玩乐"，Philip 还告诉我们，接下来一个星期就是"玩儿"，但是要玩出花样，玩什么呢？我们一起去云平台上体验"腾云驾雾"的感觉吧！

物联网的全面爆发在即，物联网云平台也闪亮登场。

物联网的快速发展催生了用户对云平台的需求。Gartner 预计，2020 年全球物联网产业总产值将达到 3280 亿美元，其中物联网云平台产值将达到 180 亿美元。物联网开发需要将不同的终端产生的数据进行统一，进行数据分析处理，物联网终端设备的碎片化催生出对于能够兼容不同终端的 IoT 云平台的需求。

物联网云平台是海量异构大数据分析处理的关键环节。万物互联，越来越多的智能设备接入物联网，将生产、生活场景的数据引入，这会使得数据量和计算量呈指数性爆发，而数据存储、计算和应用更加需要集中化，物联网云平台将是海量数据处理的关键环节。根据 IDC 统计，到 2020 年，我国数据存储量将达到 39ZB，其中 30% 的存储量将来源于物联网设备产生的数据。

物联网云平台在产业链中处于核心环节。物联网云平台是终端设备和应用的连接器，有效聚合产业链上的各环节资源，将传统设备制造商的产品互联网化，提供专业的"互联网+"解决方案。

接下来，我们将基于华晟物联网云平台介绍物联网云解决方案。

知识图谱

知识图谱如图 6-1 所示。

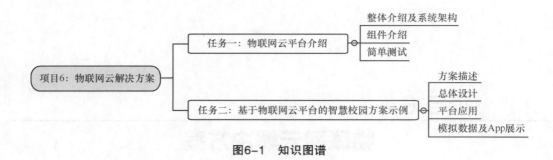

图6-1 知识图谱

6.1 任务一：物联网云平台介绍

【任务描述】

国内外物联网云平台发展迅猛，出现互联网巨头与新兴厂商共舞，争相布局物联网云平台的情况。其中，云计算三巨头 AWS、微软和 Google 在 2015 年先后宣布加入物联网云平台市场。Sitewhere 是开源的物联网云平台。

国内，中国移动于 2014 年 1 月发布物联网开放平台 OneNote，目前该平台已有超过300 万次的连接数，共计接入 500 多家企业级客户。阿里物联网云平台为硬件厂商提供一站式解决方案。硬件厂商可以得到的服务有智能硬件模组、阿里智能云、阿里智能 App、华为云、百度云、机智云等。

那么，什么是物联网云平台呢？

传统 IT 解决方案无法满足物联网快速发展催生出来的数据处理需求；传统数据中心面临着资源管理复杂、运维操作风险高、服务响应慢的难题。而物联网行业现在面临着快速的产品上市、数据营销、产品迭代和版本更新问题，这就需要获得来自后端 IT 资源的支持。

物联网云平台提供一整套物联网解决方案。传统设备制造商只要通过加装"感知层联网组件"即可将设备接入物联网，实现物联网远程控制。软件开发商可调用平台的相关云服务，并将软件发布到平台云应用层中，使其具有大数据处理能力。

华晟 HIOT 即是物联网云平台。

在本任务中，我们将主要介绍华晟物联网云解决方案、云平台的优势、云平台的整体架构、云平台的主要组件构成以及针对云平台的简单测试等。

6.1.1 整体介绍及系统架构

华晟 HIOT 是一套横跨物联网设备层、网络层、平台层、应用层的完整解决方案，是一套贯穿物联网从智能硬件到移动终端的端到端的技术服务。

设备层包括传感器、芯片、通信模组、感知类智能设备 / 装置；网络层包括运营商3G/4G/5G 局域网 Wi-Fi、蓝牙、ZigBee、LPWAN (LoRa、SigFox、NB-IoT)。平台层包括基础设施、接入管理、设备管理、消息处理、大数据、云计算、机器学习等；在应用层，我们可以集成智能家居、智慧医疗、智能家居、车联网、工业监控、环境监测、可穿戴设备、智慧城市、智能交通等众多物联网应用场景。

华晟物联网云平台作为一个服务品牌有以下三大优势。

（1）简化开发

华晟物联网云平台为用户开发项目的工作量大大减少，无须运用复杂的网络；无须重构主机处理器代码；无须进行后台软件开发；无须学习特殊的编程或脚本语言；在开发的难度较低的同时降低了项目失败的风险。

（2）加速产品上市

华晟物联网云平台为用户节省开发时间，加速连接设备和移动应用程序开发。通过开发连接设备和手机应用程序独立连接到云端的抽象端点，这样在系统集成阶段就会减少很多问题。

（3）降低成本

华晟物联网云平台按需索取平台处理能力，降低建设成本。

华晟物联网云平台有以下三大能力。

（1）硬件对接能力

华晟物联网云平台提供 HTTP/MQTT 协议开放接口，硬件只要能联网，就可以接入，对硬件没有限制性。

华晟物联网云平台提供 Java、C/C++、Python 等多种语言的硬件网关编程 SDK 包和示例程序。

华晟物联网云平台的硬件平台与环境支持 STM32、ARM、Raspberry pi、Arduino、Linux、Android 等常用平台。

（2）移动应用能力

华晟物联网云平台提供 App 应用平台、11 个以上开放模块、大约 220 个以上的 Restful API。

（3）物联能力

华晟物联网云平台具有：设备通信服务（专用物联网消息协议 MQTT 协议，单机支持百万并发，支持分布式集群部署）、大数据存储服务（支持上亿级别数据处理）、任务调度服务（支持定时、间隔、例行、触发 4 种条件设置，支持 HTTP/MQTT 协议 两种执行动作）、数据可视化服务（支持灵活的、可配置的仪表盘）。

华晟物联网云平台可提供智慧农业、智能家居、智慧交通、智慧校园、智慧物流、智慧医疗等完整的业务场景方案。智慧农业包括环境监控、食品溯源、自动喷灌等子场景；智能家居提供智能家电、家居安全、远程控制等的实现；智慧交通可集成智能停车、智能闸门、行车监管等；智慧校园可实现智能校园、校园安全等需求；智慧物流可整合智能调度、运输监管、车辆监管等内容；智慧医疗可实现远程诊疗、智能查房、健康监控等服务。

华晟物联网云平台的整体系统架构如图 6-2 所示。

华晟物联网云平台对物理世界进行了高度的抽象，并形成模板、设备、场景的三级建模，由模板生成设备，由设备组合生成应用场景；与设备的交互抽象成数据通道，包括向上通道和向下通道；设备采集的数据通过向上通道上传到云平台，云平台通过向下通道向设备发送指令。物联网云平台采用了标准的物联网通信协议 MQTT 协议，并支持 Restful API，采用了大数据存储方式，通过任务调度实现设备的智能控制，支持大规模设备接入，能够灵活地进行各种行业应用的定制开发及系统集成。

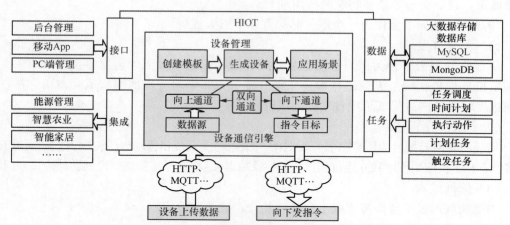

图6-2　华晟物联网云平台系统架构

6.1.2　组件介绍

通过上面的系统架构，我们大致了解了系统的整体结构与应用流程及其包含的组件。下面，我们将具体介绍这些组件。

1. 设备管理

设备管理是整个云平台的基础，负责设备的创建、修改、删除、展示等，以及对设备持有者的管理，设备数据规则的制定，根据需求进行场景的添加、修改、查找、删除，根据场景进行设备组合的添加、修改、查找和删除等。

我们将设备的共性向上提取，形成一类设备的抽象，定义为此类设备的模板。通过模板，我们可以快速创建出设备，创建出的设备将继承模板定义的这类设备的所有属性；也可通过该模板批量创建设备。设备创建好之后，还可以定义自己的特性与功能。

创建模板如图 6-3 所示。

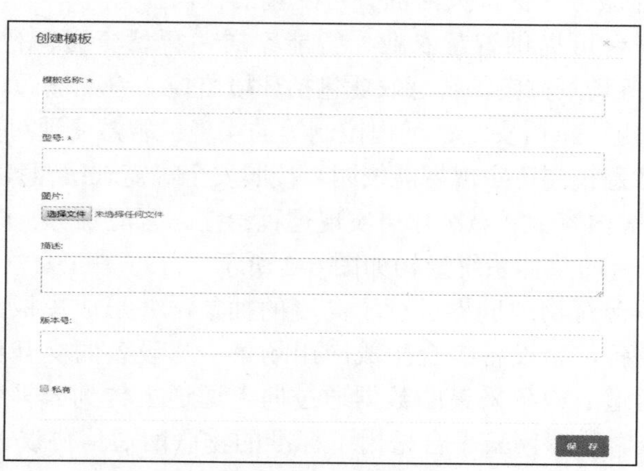

图6-3　创建模板

图 6-4 所示为选择"智能家居"模板创建了 3 台设备。

图6-4 根据模板创建设备

设备会生成一个唯一的二维码，App 用户通过扫描该二维码就可绑定该设备，如图 6-5 所示。

图6-5 扫一扫绑定设备

用户可以根据自己的需要创建场景，场景下可以创建设备组。根据自己的需要可以添加多个设备，如图 6-6 所示。

App 用户也可以通过扫一扫绑定场景，同时也可以自己去创建场景。

2. 设备通信引擎

通过设备管理，我们可以创建设备，实现设备的绑定，实现应用场景下的设备组合管理。但是如何实现设备数据的传输呢？

为此，我们引入了通道的概念。设备数据和对设备的控制指令通过通道进行传输，设备数据是上传，方向向上（云平台为上，设备为下），控制设备指令是下发，方向向下。

图6-6　场景及设备组

所以我们将通道分为两种：向上通道和向下通道。向上通道负责设备数据上传，向下通道负责控制设备指令的下发。对于既有向上通道又有向下通道的通信，我们称之为双向通道。

通道承载的数据按类型分为 4 种，数值型，如温湿度、亮度等；开关型，如灯的开关；地理位置型，如北纬 N39°54′26.35″，东经 E116°23′28.69″（谷歌地图表示：39.9087153612,116.3975368313）；文本型，如报警信息："室内温度过高"。

图 6-7 所示为创建开关型双向通道。

图6-7　创建双向通道

有了通道，我们就可以通过通道上传和下发数据。云平台同时支持 HTTP 和 MQTT 协议的设备通信方式。采用 HTTP 通信方式的设备可以通过 Restful 方式将设备中的数据上传到云后台，通过定时轮询的方式向云后台请求对其控制的指令。采用 MQTT 协议通信方式的设备的数据上传和控制指令的下发都是通过发布订阅方式完成的。上传数据时，设备端发布指定主题消息，云后台订阅相同主题即可收到该消息；控制指令下发时，云后台发布指定主题消息，设备端订阅相同主题即可收到该指令信息。当然，HTTP 通信方式只是支持，真正用于生产还是 MQTT 协议通信方式，即 MQTT 协议通信方式是我们主要设备的通信方式。

这里说的设备通信是指因为将现实设备接入云平台，所以需要结合感知层和网络层的技术和代码实现。大致过程：感知层和网络层开发人员从云平台获取创建好的设备 ID 和通道 ID，将其写入设备程序中，并实现相应的业务逻辑代码，在上电并且设备端程序和云平台同时运行时，设备和云平台就可以通信与交互了。

3. 数据存储

至此，我们已经可以控制了设备。当然控制之前要知道设备当前的数据状态，要查看设备数据状态，我们首先需要实现数据的存储，此时我们可以从存储中获取设备数据，并根据当前状态，进行合理的控制。

对于设备数据存储，我们使用 MongoDB 数据库，MongoDB 的分布式集群、高并发写入、易扩展等特性保证了对海量数据的存储与处理。

对于设备上传数据，云后台接收到数据之后，将该设备数据保存到 MongoDB 中，这是在云后台自动完成的。我们可以在需要的时候，从 MongoDB 中调出数据，用于监视设备的状态与展示数据可视化。

我们可以通过云平台的"模拟上传数据"演示设备数据的上传。以之前创建的设备"智能窗帘_主卧"的打开关闭功能（通过向上通道"开闭"）为例说明，如图 6-8 所示。

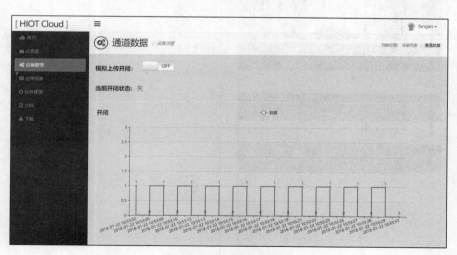

图6-8　模拟上传数据

在图 6-8 中，我们模拟了 20 条开闭数据（开关型）的上传，并实时从 MongoDB 中调出了这 20 条历史数据，通过简单可视化图表将其展示出来。

然后，我们可以在移动 App 中查看该"智能窗帘_主卧"的"开闭"状态。同时，我们还可以控制该"开闭"状态，以达到控制"智能窗帘_主卧"打开和关闭功能的目的，如图 6-9 所示。

图6-9　App查看设备状态与控制

实现了单台设备控制后，我们还可以利用之前创建好的应用场景及场景下的设备组实现设备的组合控制（一键控制）。图 6-10 和图 6-11 是 App 展示的"智能家居"场景下的"智能窗帘组"及"窗帘一键开"操作。

图6-10　智能窗帘组

图6-11　窗帘一键开

4. 任务调度

为实现物联网的智能控制，我们引入了任务调度的概念。图 6-12 的任务调度原理图可以帮助我们很好地理解什么是任务调度、任务调度的组成以及如何实现任务调度。

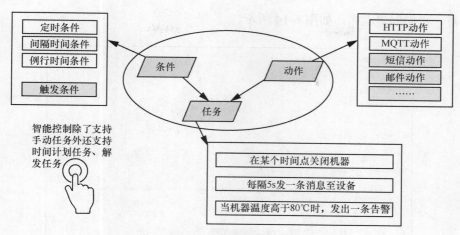

图6-12　任务调度原理

　　任务调度由条件和动作组成。条件是任务的前提，用于指定任务的执行时机。条件可分为时间计划条件和触发条件。时间计划条件又可分为定时条件（未来某个时间点，一次）、间隔时间条件（未来每个固定间隔时间之后，多次）、例行时间条件（未来每个例行表达式指定时间点，多次）。我们可以看出，时间计划条件都是和时间相关的，触发条件是和时间无关的，触发条件一般是指某个监测源的值达到指定阈值的状态，如室温达到38℃。动作即任务要执行的操作，这里一般是指下发对设备的控制（自动完成，不需要用户手动执行）命令。任务执行的方式有两种，和设备通信方式一致，支持MQTT协议方式和HTTP方式。新建一个任务要指定条件和动作，一个任务被创建并加入调度后（开启任务），如果满足了定义中的条件，那么该任务将以指定的动作自动执行。

　　用户可以根据自身的需要，制定各种各样适用于实际的任务调度。

　　下面，我们以简单的例子演示任务调度要实现的功能：某一个星期内，每晚7点自动关闭"智能窗帘_客厅"。

　　首先，我们创建时间计划，如图6-13所示。

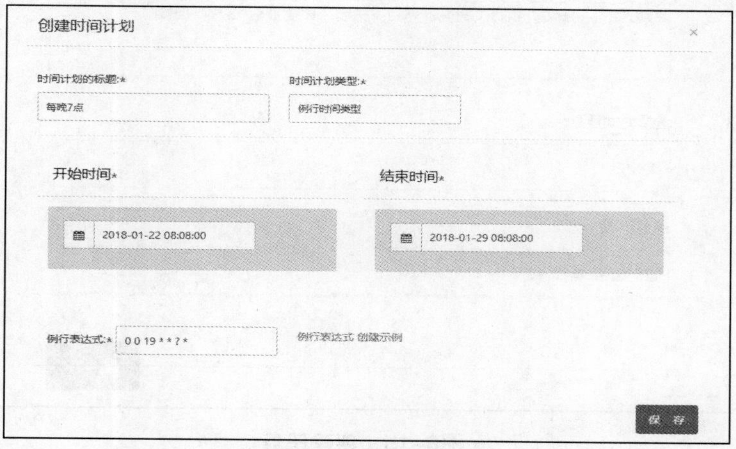

图6-13　时间计划

接着，我们创建动作，如图 6-14 所示。

图6-14　创建动作

然后，我们通过创建的时间计划和动作创建任务，如图 6-15 所示。

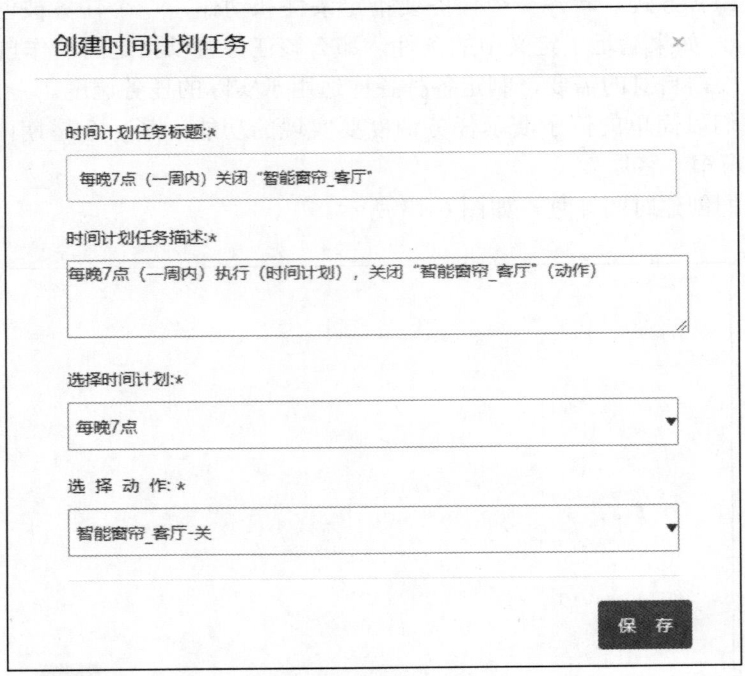

图6-15　创建任务

　　在任务创建完成之后，我们点击开启按钮，任务加入调度。在这个星期，每晚 7 点，"智能窗帘 _ 客厅"将自动关上。

5. Restful API

　　Restful API 提供了云平台开发阶段后台管理系统与 PC 端管理页面的交互，也给出了移动 App 端调用后台管理系统 API 的方式。在开发阶段，我们采用后端与前端分离、后端与移动端分离的方式，通过 Restful API 调用方式实现各端之间的交互。这样，后台管理系统、PC 端管理页面、移动 App 开发过程可实现最大化的独立与解耦，简化了开发流程，提高了开发效率。同时，云平台提供了开放接口服务，第三方使用者可以调用这些开放的接口实现自己的定制功能。

　　Restful API 采用了 Swagger 接口文档的方式，以简洁的、友好的方式向用户提供整套接口说明，并提供接口在线测试功能。

　　图 6-16 所示为云平台 Swagger 接口文档列表。

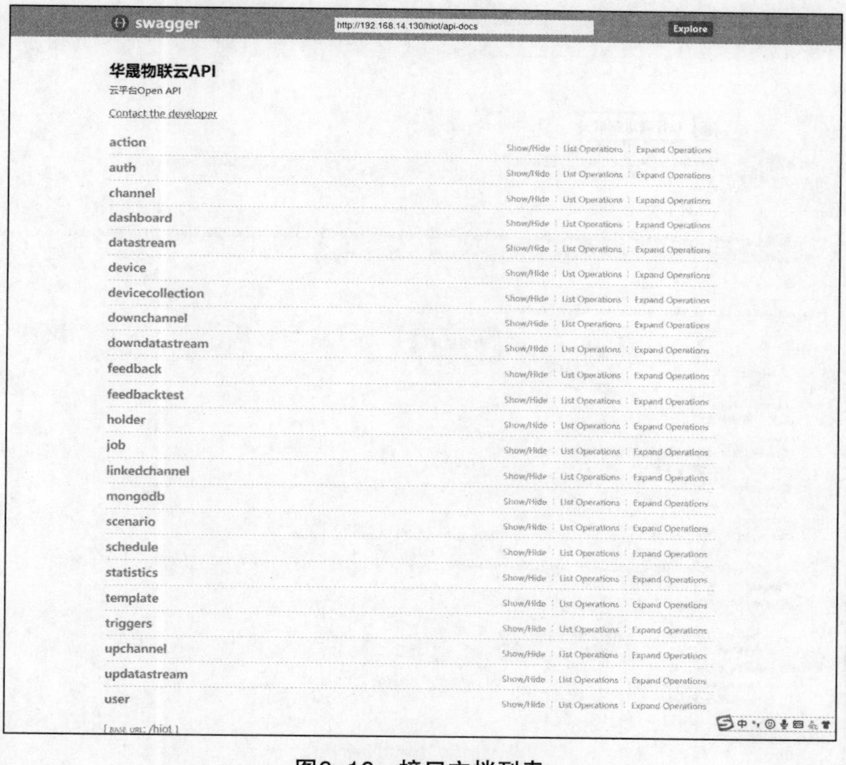

图6-16　接口文档列表

　　图 6-17 所示为查询设备详情的 API 调用测试演示。

6.1.3　简单测试

　　一个稳定的、运行良好的应用系统除了要保证平台实现良好的实现功能，还需要保平台有证良好的性能状况。

187

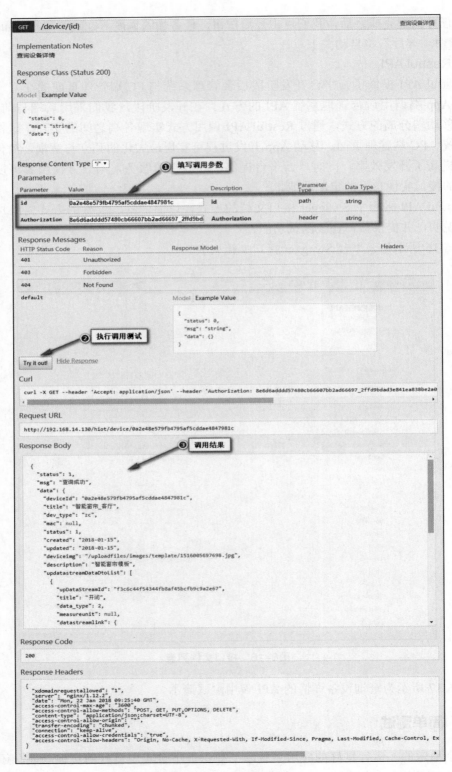

图6-17 API调用测试

测试是检验软件开发各阶段成果是否接近预期目标的手段，以便尽可能早地发现错误并加以修复，确保软件满足应用需求及相关的开发标准。在典型的软件开发项目中，软件测试工作量一般占总工作量的40%以上。测试工作一般可以划分为静态和动态测试，静态测试是指不运行被测程序本身，仅通过分析或检查源程序的语法、结构、过程、接口等来检查程序的正确性。动态测试方法是指通过运行被测程序，检查运行结果与预期结果的差异，并分析运行效率和健壮性等性能，这种方法由三部分组成：构造测试实例、执行程序、分析程序的输出结果。

对于Web应用系统的测试，关键是做好性能测试，发现产品性能上的缺陷。负载测试是评价一个Web应用系统的重要手段，负载测试有助于确认被测系统是否能够支持性能需求，是否能够满足预期的负载增长，找出系统出现异常的原因，并对系统性能进行优化。

下面，我们来认识JMeter测试工具，了解JMeter测试的简单流程，最后通过JMeter对华晟物联网云平台进行简单的负载测试。

1. 测试工具之JMeter

（1）JMeter简介

JMeter是Apache的开源软件。它是一个100%的纯Java应用程序，用于负载和性能测试。它最初设计用于测试Web应用程序，但后来扩展到其他测试功能。Apache JMeter可用于测试静态和动态资源，以及Web动态应用程序的性能。它可用于模拟服务器、服务器组、网络或对象上的高负载，以测试其承载能力，或分析不同负载类型下的整体性能。

Apache JMeter的功能包括以下几方面。

① 可用于许多不同的应用程序/服务器/协议类型的负载和性能测试。

- Web–HTTP、HTTPS（Java、NodeJS、PHP、ASP.NET…）；
- SOAP/REST Web服务；
- FTP；
- 数据库–JDBC；
- LDAP；
- 面向消息的中间件（MOM）–JMS；
- Mail–SMTP（S）、POP3（S）和IMAP（S）；
- 本地命令或shell脚本；
- TCP；
- Java对象。

② 全功能的测试IDE，允许从浏览器或本地应用程序快速的创建、记录和调试。

③ 从任何Java兼容的操作系统（Linux、Windows、Mac OSX…）加载测试的命令行模式(Non GUI/headless mode)。

④ 完整、动态呈现的HTML报告。

⑤ 具有通过从最流行的响应格式，如HTML、JSON、XML或任何文本格式提取数据的能力，轻松进行关联。

⑥ 完整的可移植性和100%的Java纯度。

⑦ 完整的多线程框架允许通过多个线程同时进行采样，并通过单独的线程组同时对

不同功能进行采样。

⑧ 缓存和离线分析 / 重播测试结果。

⑨ 高度可扩展的核心：

- 可插入的采样器允许无限的测试能力；
- 可编写脚本的取样器（与 Groovy 和 BeanShell 等 JSR223 兼容的语言）；
- 可以使用可插拔定时器来选择多个负载统计信息；
- 数据分析和可视化插件允许很好的扩展性和个性化；
- 函数可以用来为测试提供动态输入或提供数据操作；
- 通过 Maven、Graddle 和 Jenkins 的第三方开源库轻松持续集成。

简单说来，JMeter 就是一个测试工具，相比于 LoadRunner 等测试工具，它免费开源，且更加轻巧、好用。

JMeter 通常可以做：

① 压力测试及性能测试；

② 数据库测试；

③ Java 程序的测试；

④ HTTP 及 FTP 测试；

⑤ Web Service 测试等。

（2）JMeter 的简单使用

1）安装启动

在官网下载 JMeter，解压到本地，在里面的 bin 目录下，找到 jmeter.bat 批处理文件，双击出现 JMeter 的工作环境，如图 6-18 所示。

注：首先需要保证安装 JDK 环境。

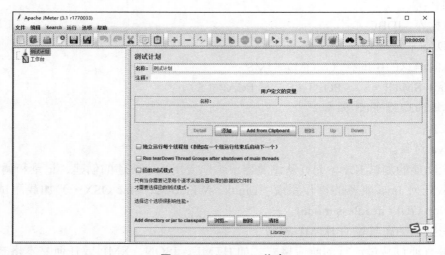

图6-18　JMeter工作台

2）JMeter 测试元件介绍及创建测试实例

JMeter 里面的元件有很多，包括逻辑控制器、配置元件、定时器、Sampler、监听器等。

我们先给出一个实例，接着慢慢了解元件的使用方法。测试一个网站，我们至少需要用户、发送请求、查看结果这三个过程。

a. 添加线程组（用户）

在"测试计划"上单击右键，选择"添加"—"Thread Users"—"线程组"，如图 6-19 所示。

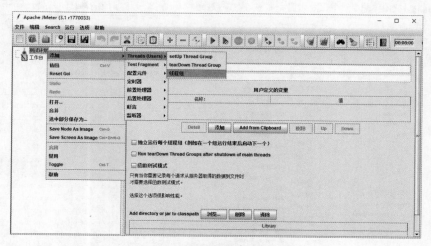

图6-19　添加线程组（用户）

其中，对测试有影响的参数是：线程数、Ramp-up Peried 和循环次数。

- 线程数：设置发送请求的用户数量；
- Ramp-up period：每个请求发生的总时间间隔，单位是秒；
- 循环次数：请求发生的重复次数。

如果我们需要 JMeter 模拟五个请求者（也就是五个线程），每个请求者连续请求两次，则设置如图 6-20 所示。

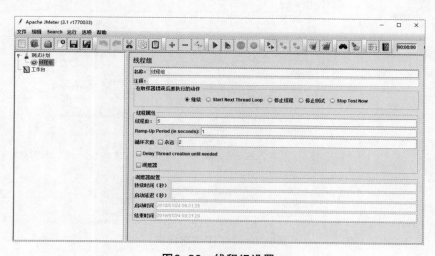

图6-20　线程组设置

191

b. 添加请求

我们要访问一个网页，则添加 HTTP 请求，在线程组上单击右键，选择"添加"—"Sampler"—"HTTP 请求"，如图 6-21 所示。

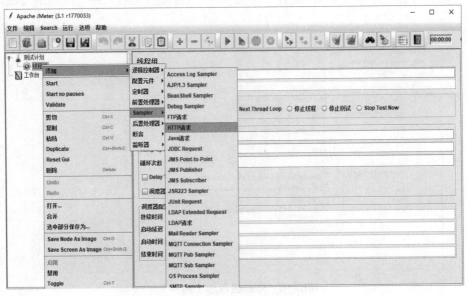

图6-21 添加HTTP请求

HTTP 请求的属性值中的"Web 服务器名称或 IP"填写具体网站域名就可以了，如图 6-22 所示。

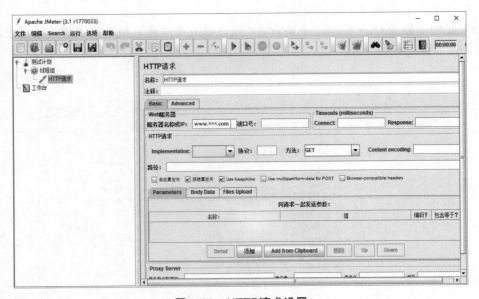

图6-22 HTTP请求设置

c. 添加监视器（查看结果）

监视器的种类有很多，我们可以根据自己的需要另行添加，这里选择"查看结果树"。我们在线程组上单击右键，选择"添加"—"监视器"—"查看结果树"，如图 6-23 所示。

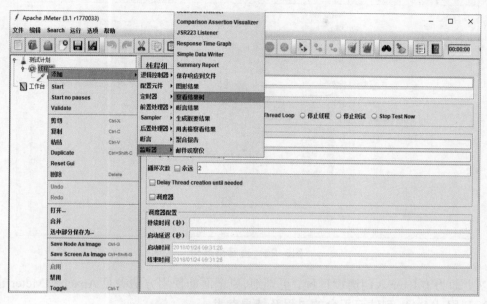

图6-23　添加监视器（查看结果）

3）运行测试实例

运行测试实例如图 6-24 所示。

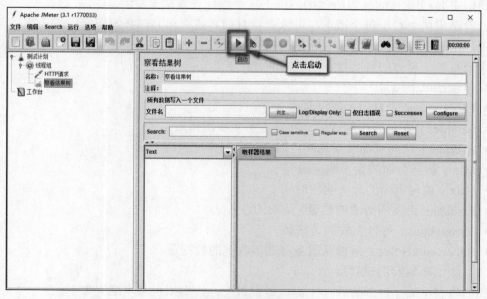

图6-24　运行测试实例

我们可以通过"查看结果树"查看结果，如图6-25所示。

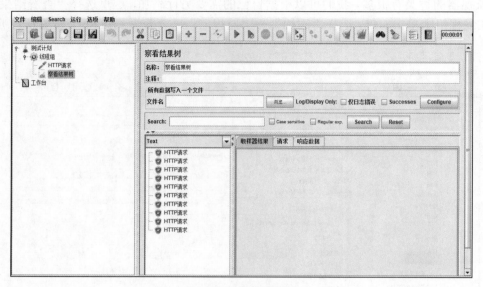

图6-25　查看结果树

以上即为 JMeter 入门测试过程。更详细、更全面的使用方法参见 Apache JMeter 官网。

2. 利用 JMeter 测试云平台的过程及结果参考

下面我们来利用 JMeter 进行华晟物联网云平台的简单测试。

（1）结果参考指标

测试之前，我们先了解关于测试结果的一些指标参数。

我们主要利用 JMeter 监听器中的以下三个组件查看结果参考。

查看结果树：对于每个请求，可以查看 HTTP 请求和 HTTP 响应；

图形结果：可以图形显示吞吐量、响应时间等；

聚合报告：总体的吞吐量、响应时间。

具体包括以下项目。

- Label：定义的 HTTP 请求名称；
- Samples：表示这次测试中一共发出了多少次请求；
- Average：访问页面的平均响应时间；
- Min：访问页面的最小响应时间；
- Max：访问页面的最大响应时间；
- Error%：错误的请求的数量 / 请求的总数；
- Throughput：每秒完成的请求数；
- Received kB/Sec：每秒从服务器端接收到的数据量。

（2）测试环境及测试目标

我们将整个云平台部署在一个测试虚拟机上，该虚拟机基本配置如下。

① 操作系统：Ubuntu 14.04.5 LTS。

② CPU：Intel Core 1 核 64 位。

③ 内存：1G。

④ 磁盘：30G。

测试的内容是后台管理界面的设备详情页，如图 6-26 所示。

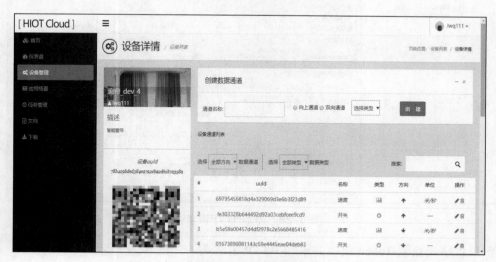

图6-26　设备详情页

（3）测试过程及测试结果参考

添加线程组（用户），如图 6-27 所示。

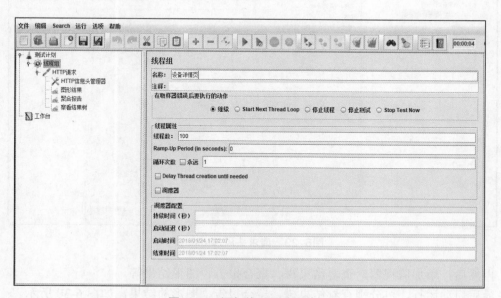

图6-27　添加线程组（用户）

接着，添加并设置设备详情页的 HTTP 请求，如图 6-28 所示。

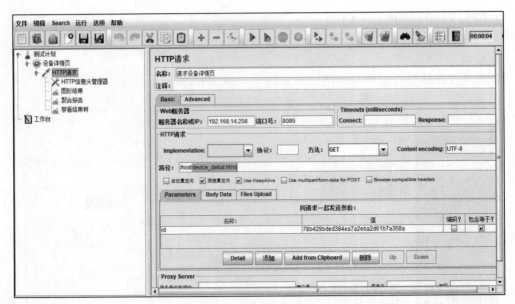

图6-28　添加HTTP请求

然后，事先获取 Token 值，并添加 HTTP 请求头，如图 6-29 所示。

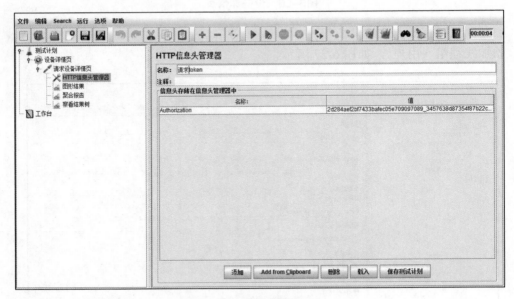

图6-29　请求头添加token

再然后，添加监视器，查看结果树、聚合报告、图形结果等。

最后启动运行，可分别查看结果树、聚合报告、图形的结果，如图 6-30 所示。

聚合报告结果如图 6-31 所示。

图形结果如图 6-32 所示。

图6-30　查看结果树结果

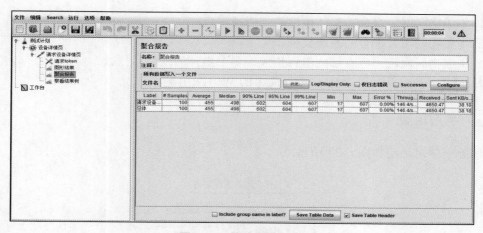

图6-31　聚合报告结果

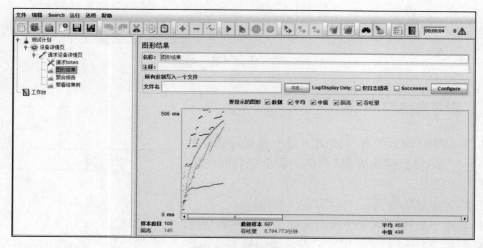

图6-32　图形结果

上面是测试 100 个用户并发送查询一次设备详情页。我们还可以增加用户数量及用户访问次数或用户在一段时间持续访问。通过不断提高用户数、增加并发量、增加流量等达到测试系统压力上限与瓶颈的目的。

当然，一个系统的性能除了软件本身的性能好坏，还与支撑它的硬件息息相关。我们上面测试的硬件环境是最基础配置的测试环境。随着硬件配置和性能的提升，整个软件系统性能也会随着提升。因为整个系统本来就是软件和硬件组成的，两者是密不可分的。当软件性能达到瓶颈后，我们可以通过提升硬件性能，达到提升整个系统性能的目的。

6.1.4　任务回顾

知识点总结

1. 华晟物联网云平台的整体概况、功能及特点。
2. 华晟物联网云平台的系统架构。
3. 华晟物联网云平台有哪些组件构成？各个组件的功能是什么？
4. JMeter 介绍及利用 JMeter 进行简单的 Web 应用测试。

学习足迹

任务一学习足迹如图 6-33 所示。

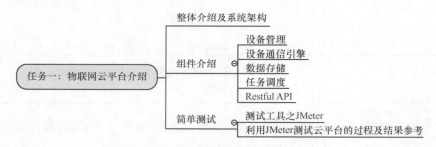

图6-33　任务一学习足迹

思考与练习

1. 华晟物联网云平台（HIoT）是一套横跨物联网"_____、_____、平台层、_____ 的完整解决方案"，是一套贯穿物联网从"_____ 到 _____"的端到端的技术服务。
2. 简述华晟物联网云平台的系统架构。
3. 简述华晟物联网云平台的组件及各组件的功能。
4. 简述 JMeter 测试的过程以及所需组件与作用。

6.2　任务二：基于物联网云平台的智慧校园方案示例

【任务描述】

物联网的应用涉及众多领域，其在高等教育方面的应用也会大大提升高校软实力，以物联网技术为基础的智慧校园建设未来必将会成为高校建设与发展的重要基础。

智慧校园建设可以使 IT 与管理、教学、科研业务相结合而引发突破式创新——它利用感知技术与智能装置对校园的方方面面感知与识别，通过互联网、移动通信网等网络的传输互联，计算、处理和知识挖掘，实现人与物、物与物的信息交互和无缝链接，以此将IT 转化成生产力，提高校园管理的质量和效率，推动教育、科研模式的创新，达到对高校工作以及校园物理环境的实时控制、精确管理和科学决策的目的。在不断增加的复杂系统和网络应用以及高校日益追求 IT 投资回报率和教科研效率的新竞争环境下，在不断变化的社会、教育环境中，智慧校园建设能够为高校发展带来更多的机会和竞争优势。

前面已经介绍过华晟物联网云平台提供物联网云整体解决方案，接下来，我们讲解基于华晟物联网云的智慧校园方案的设计与实现。

6.2.1　方案描述

智慧校园通过物联网、互联网、移动互联网技术的整合，形成集人、资源、环境、管理手段、教学方法为一体，智慧型的校园生态圈实现透明化的管理、智能化的教学、跨时空的教研、探究式的学习以及多元化的沟通，打造智慧型的教学环境、学习环境、管理环境。

基于物联网的智慧校园需要在感知层、网络层、应用层这三个层次上进行有效的整合，形成物联网智能管理系统，从而真正发挥物联网在校园场景下的作用。

感知层：通过从传感器、计量器等器件获取环境、设备等状态信息，在进行适当的处理之后，通过传感器传输网关将数据传递出去；同时通过传感器接收网关接收控制指令信息，在本地传递给控制器件达到控制环境、设备及运营的目的。在此层次中，感知及控制器件的管理，传输与接收网关，本地数据及信号处理是重要的设计与技术环节。

网络层：通过公网或者专网以无线或者有线的通信方式将信息、数据与指令在感知层与应用层之间传递。其中，特别需要对安全及传输服务质量进行管理以避免数据出现丢失、乱序、延时等问题。

应用层：通过感知层及网络层获得数据后，对数据进行必要的路由和处理（包括数据过滤、丢失数据定位、冗余数据剔除、数据融合）。数据处理的逻辑根据设备和应用的不同而不同，其产生的高质量以及融合的数据会传送给数据存储模块进行大数据存储，还可以通过分析模块做进一步的数据挖掘处理，实现在实时感知基础上支持业务的即时优化与控制。根据高校业务的需要，它可以在应用层服务之上建立相关的业务场景应用，如：设施的监控与分析，环境状态监控、分析等。这些应用会以场景和设备组的方式整合感知层与网络层的服务及能力，从而实现及时感知、及时分析、及时响应的校园智慧管理，进而提升高校运营效率，推动业务模式创新并且降低运营与管理成本。

建设智慧校园，可使高校管理部门增强感知，能够及时获取比以前更多的高质量数据。例如，智能电表、水表和设备的传感器可以持续收集各单位能源供需数据。未来，传感器、无线射频的"智能物件"会大量增加，为高校的精细化管理提供数据依据。智慧校园建设完成后，更全面的互联互通使物理世界与高校信息管理系统以全新的方式进行交流和互动，同时提供了新的信息获取和处理的方式。例如，实验仪器、机房设备、多媒体教室等物体和信息系统之间的通信和协调，使信息采集、获取、共享和处理成为可能。在更加透彻的感知和更加全面的互联互通的基础上，更加深入的智能化，即新的计算模式和新算法，使高校更具有预见能力，方便决策者采取明智的行动。先进的分析能力以及不断提高的存储和计算能力，将海量的数据转化为智能数据，通过分析数据创造价值。网络建成后，可以将高校已部署的各类独立信息系统合并，整合服务器资源统一提供服务，对学校的各类资源做统一的规划、分配和管理，杜绝资源的浪费，同时加大管理的弹性以适应不断变化的需求。增强整个平台的管理能力，还可以使终端用户的工作更自由，数据的共享更便利。利用校内无线网络，用户可以把便携设备带到校园的各个角落，大量工作无需受地点局限，可以随时随地通过各类终端管理校园，处理数据。而所有数据的处理统一在平台上进行，可以同步实现各部门的共享和更新。

6.2.2 总体设计

下面，我们介绍智慧校园基础建设方案的总体设计，图 6-34 所示为基于 HIoT 的智慧校园架构图。

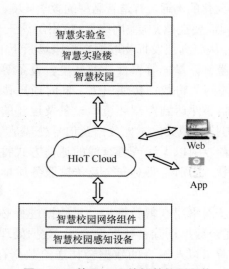

图6-34 基于HIoT的智慧校园架构

从图 6-34 中我们可以看到，智慧校园的感知层设备通过智慧校园的网络组件与华晟物联网云对接，然后通过 HIoT 的场景和设备组功能模块，创建智慧校园、智慧实验楼、智慧实验室等场景，并根据实际使用情况划分不同的设备组，最后通过 Web 页面和 App 实现管理、监测与控制整个智慧校园。

我们将整个智慧校园分为三个大场景：智慧校园、智慧实验楼与智慧实验室。

对于智慧校园，我们规划有智慧草坪、智能路灯，智慧草坪又包括土壤环境监测（包括温度和湿度监测）、自动浇水功能。通过土壤监测，我们可以知道草坪当前土壤的状态是否适宜草坪生长。如果检测到湿度偏低，则系统可以触发自动浇水装置自动对草坪喷、浇水，当然也可以手动触发浇水，当浇水过了一段时间后，若检测到实时土壤湿度达到正常标准，则停止浇水。我们可以对校园内所有路灯进行统一定时的一键开关操作，还可以对其实时监测，若有路灯出现异常，则可以快速组织排查与检修。

对于智慧实验楼，我们规划将整栋楼的门禁、水表、电表、红外安防、摄像头统一纳入智慧监测与控制系统，可以实现对门禁的定时开关；可以智能监测和统计分析整栋实验楼的用水量和用电量，以便排查是否有漏水情况、观察用电负载分布情况、统一规划用水、用电分配等；可以利用红外安防摄像头等以便监视与控制实验楼的安全等。

对于智慧实验室，我们规划 10 个实验室，每个实验室包括灯、窗帘、投影仪、门禁、温湿度计、空调等智能设备。系统可以对实验室的灯光、窗帘、投影仪、门禁、空调等实现终端远程控制，达到"触手可控"，并可以在禁闭时间实现一键关闭实验室所有设备；可以实时监测实验室温湿度状况，例如，某些实验对温湿度很敏感，通过实时监测温湿度值，我们可以对温湿度进行实时调整以满足实验环境的标准；可以通过监测到的温度值，自动调整空调的开关或设定值，例如，据此控制室温在限定值范围内，一方面可保证师生在适宜的温度下教与学；另一方面可以避免浪费能源。

上面三种场景及具体的使用方案只是我们初步列举的项目，可以满足基本或一部分的应用需要。随着校园智慧化要求的不断提升与基础设施与资源的不断丰富，智慧校园方案可以不断丰富、扩展、延伸与优化，越来越凸显物联网在校园中的价值与优势。

6.2.3 平台应用

下面，我们将利用 HIoT 平台演示该智慧校园方案。我们通过图 6-35 所示的 HIoT 行业应用场景集成流程进行演示。

图6-35 HIoT行业应用场景集成流程

1. 系统设计

根据智慧校园需求进行系统设计，分析需要连接、控制的设备和工业级智能网关，进行设备连接，接口调用，与云端进行设备交互。HIoT 支持各种数据类型，包括数值型、开关型、消息型以及 GPS 位置型。例如，智慧实验楼通过智能电表采集用电量，远程控制通、断电，采集的电量用数值型表示，通过开关型实现对设备的开关控制。

以下所有的操作没有特别说明都以智能电表为例。

2. 创建模板

根据系统设计创建设备模板，并创建"电量值""数值型""向上通道","开关"类型双向通道（向上通道＋向下通道），如图 6-36 所示。

图6-36 智能电表模板

按照此方法，我们将之前规划的智慧校园、智慧实验楼、智慧实验室的相关模板全部创建出来，如图 6-37 所示。

图6-37 模板列表

3. 生成设备

根据智能电表模板生成设备，如图 6-38 所示。

图6-38　根据模板生成设备

该设备同时会继承模板的通道。

根据模板，我们将所有设备创建出来，其中实验室灯具 10 套、窗帘 10 套、投影仪 10 套、门禁 10 套、温湿度仪 10 套、空调 10 套；实验楼门禁 1 套、水表 11 套、电表 11 套、红外安防 1 套；智能校园土壤墒情监测仪 6 套、温湿度 6 套、自动浇水器 6 套、路灯 20 套。设备详情如图 6-39 所示。

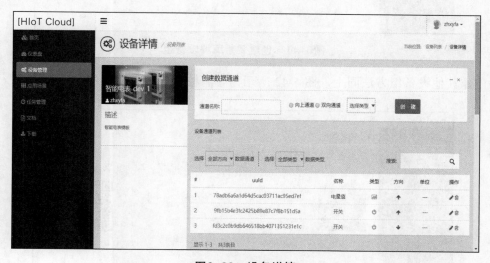

图6-39　设备详情

因为设备众多，所以我们不将所有设备列表一一截图。

4. 应用集成

根据规划，我们分别创建智慧校园、智慧实验室和智慧实验楼三个场景，如图 6-40 所示。

图6-40　智慧校园场景列表

接下来，我们在智慧校园场景下创建设备组。图6-41所示为创建智慧草坪设备组。

图6-41　创建智慧草坪设备组

创建其他设备组方法同上，图6-42所示为智慧校园场景下的设备组列表。

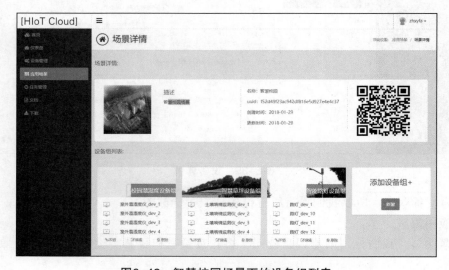

图6-42　智慧校园场景下的设备组列表

集成应用场景还有一个重要模块是任务管理，即任务调度。任务分 4 种类型，分别为间隔时间计划任务、例行时间计划任务、定期时间计划任务、触发任务。前 3 种都是按时间来进行任务调度的，对于间隔时间计划任务，我们可以指定自动浇水器每隔 2 天浇水一次；对于例行时间计划任务，我们可以指定每个星期的周六、周日全天自动锁定实验楼门禁；如果恰逢校庆，为了营造欢庆气氛，我们可以利用定期时间计划任务在校庆当晚 6 点自动打开所有实验室的灯，时长为 30 分钟。触发任务是根据一台设备数据的监测结果触发改变另一台设备数据或状态（同一台设备或不同设备）。

下面，我们看一下如何设置触发任务。假设实验室 1 中安装温湿度仪 _dev_1（UUID：cd95befe1c694d5085120f051248e5cd）和空调 _dev_1（UUID：661ef4b3964545248cdf3e36a170a6a8），温湿度仪 _dev_1 监测室温高于 30℃时触发空调开启。

首先，创建动作：空调 _dev_1 开启，如图 6-43 所示。

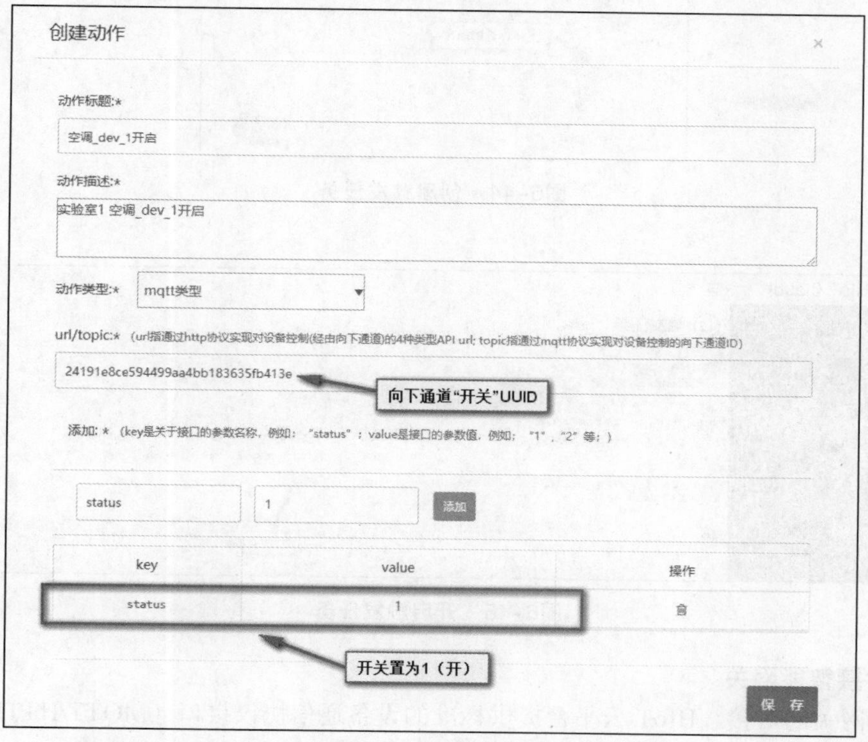

图6-43 创建动作

接着，创建触发任务：温湿度仪 _dev_1 监测室温高于 30℃，触发空调 _dev_1 开启，如图 6-44 所示。

创建好的触发任务如图 6-45 所示，点击"▶"按钮开启任务即可。

任务调度会实时监测"温湿度仪 _dev_1"的向上通道"温度"值，当温度大于等于 30℃时，系统会自动触发"空调 _dev_1 开启"动作，通过 MQTT 协议向"空调 _dev_1"发送控制指令，命令其打开开关。

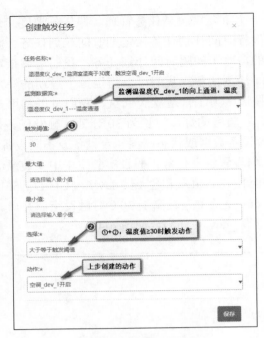

图6-44　创建触发任务

图6-45　开启触发任务

5. 对接智能网关

智能网关的对接，HIoT 云平台提供标准的设备通信协议接口（MQTT/HTTP），用户可以根据需要自主选择相应的网关。

感知层和网络层开发人员从云平台获取创建好的设备 ID 和通道 ID，将其写入网关和设备程序中，并实现相应的业务逻辑代码，在通电完成联网且设备端程序正常运行时，设备便可以通过智能网关对接到 HIoT，此时就可以进行设备和云平台的通信与交互。

具体过程略。

6. App 设备交互

如果说上述 5 个步骤是华晟物联网云平台集成场景的实现，是设备制造者或者开发者需要做的，那么第 6 步就是普通用户对智慧校园系统的使用。

6.2.4　模拟数据及App展示

下面我们将通过 Web 端对平台进行设备数据的模拟与展示，然后演示使用 App 端。

1. 数据模拟与展示

HIoT 云平台的灵活性体现在：不需要接入真实的设备，就可以"执行"整个物联网业务流程，我们可以模拟上传设备数据，还可以对设备下发模拟控制指令；提供实时模拟数据的可视化显示。

我们通过设备详情页的通道列表的"类型"小图标可以进入数据模拟和展示页面，如图 6-46 所示。

图6-46　进入数据模拟与展示页面

根据通道方向不同，模拟数据分为模拟设备数据上传（通道方向：↑）和模拟控制设备（通道方向：↓），数据展示分为设备上传数据展示和控制设备指令数据展示。

图 6-47 所示为模拟室外温湿度仪 _dev_1 温度上传及历史数据展示。

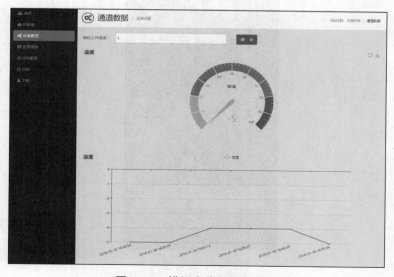

图6-47　模拟上传数据与展示

图 6-48 所示为模拟室外温湿度仪 _dev_1 温度上传及历史数据展示。

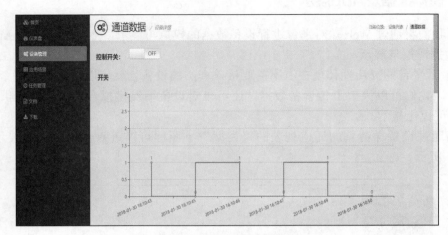

图6-48 模拟控制与展示

2. App 使用展示

App 大致分为 4 个模块：用户模块、设备模块、消息模块、场景模块。各模块的主要功能如下。

用户模块：登录注册个人信息等。

设备模块：添加设备、管理设备、控制设备、可视化设备数据等。

消息模块：未读预警消息、已读消息、查询历史消息等。

场景模块：自定义场景、定制化场景、自定义设备组、一键控制等。

App 可以自动获取手机当前连接 Wi-Fi，并让设备（或网关）联网，如图 6-49 所示。

图6-49 设备联网

我们可以通过扫描设备二维码和场景二维码添加设备和场景（一并将设备添加），如图 6-50 所示。

图6-50 扫码添加设备和场景

点击设备列表某一设备可以查看设备详情，同时查看设备通道对应下的设备数据和状态，如图 6-51 所示。

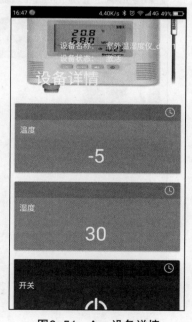

图6-51 App设备详情

图 6-52 和图 6-53 所示为场景列表和设备组列表。

图6-52　场景列表

图6-53　设备组列表

图 6-54 所示为设备组详情。

图6-54 设备组详情

我们可以通过创建"一键控制"实现批量控制设备组下的设备,图 6-55 所示为创建"一键控制"。

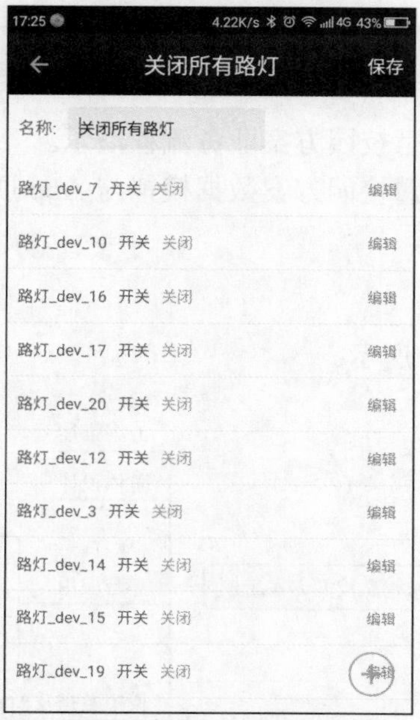

图6-55 创建"一键控制"

我们可以通过点击图 6-56 所示按钮实现"关闭所有路灯"的一键控制。

图6-56　执行一键控制

6.2.5　任务回顾

 知识点总结

1. 智慧校园方案描述。
2. 智慧校园方案总体设计。
3. 基于华晟物联网云的智慧校园方案业务流程演示。
4. 基于华晟物联网云的智慧校园方案数据模拟与 App 展示。

 学习足迹

任务二学习足迹如图 6-57 所示。

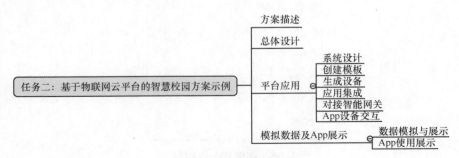

图6-57　任务二学习足迹

1. 简单描述什么是智慧校园。
2. 简述基于华晟物联网云的智慧校园方案的组成部分。
3. 华晟物联网云行业应用场景集成流程包括：系统设计、_____、_____、_____、_____ 和 App 设备交互。
4. 简述 App 有哪些功能。

6.3　项目总结

本项目是物联网云解决方案的设计与实现，展示了基于华晟物联网云平台集成行业应用场景。

通过本项目的学习，我们理解了物联网云平台是什么，为什么物联网云平台是一种趋势，物联网云平台有哪些优势。我们还了解了华晟物联网云平台的整体架构与特性，加深了对解决方案的理解。接着，我们了解了华晟物联网云平台的各个工作组件及其特点以及如何使用。我们还学会了如何利用 JMeter 工具对 Web 系统进行简单的性能与压力测试。

通过本项目的学习，我们熟悉了智慧校园的物联网场景应用及其特点，学会了如何基于华晟物联网云平台进行智慧校园场景的集成设计。我们还熟悉了如何利用数据模拟进行场景集成后的效果测试，以及了解了云平台配套 App 的功能及其如何使用。

通过本项目的学习，学生提高了对物联网云平台软件的理解能力和使用能力，提升了对物联网方案的设计与集成能力。

项目总结如图 6-58 所示。

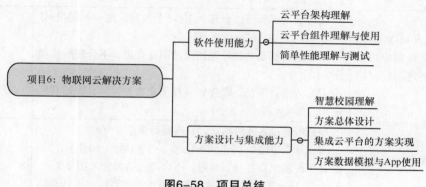

图6-58　项目总结

6.4 拓展训练

方案集成完善：完善智慧校园方案集成

基于华晟物联网云平台，在本项目提供的示例与实现基础上，完善智慧校园方案集成到华晟物联网云平台上。

◆ **实现内容：**

• 完善智慧校园内的其他应用场景，如智慧教室、智慧食堂；

• 完善底层的设备及传感器类型与功能，并在云平台创建的同时根据其功能创建对应的通道；

• 完善子场景下的设备组，将相同功能的设备尽可能全地划分到不同场景下的不同设备组；

• 根据智慧校园的实际需求，完善任务调度的设计，比如，晚上自动打开所有路灯，监测到土壤湿度值低时自动触发浇水功能等，并在平台配置好。

◆ **格式要求：**在 HIOT 云平台完成操作，并采用 PPT 方法进行概括讲解。

◆ **考核方式：**课堂演示平台集成效果，并做简单讲解，时间要求 5~8 分钟。

◆ **评估标准：**见表 6-1。

表6-1 拓展训练评估标准表

项目名称：完善智慧校园方案集成	项目承接人： 姓名：	日期：
项目要求	**评价标准**	**得分情况**
完善智慧校园内的其他应用场景（20分）	① 每加一项并有完整内容阐述加5分，有加项，描述不合理得1~2分（15分）； ② 发言人语言简洁、严谨；言行举止大方得体；说话有感染力，能深入浅出（5分）	
完善设备或增加传感器，并在平台创建出设备的同时创建功能对应通道（30分）	① 设备或传感器增选合理，至少5个项目，每少一项扣3分（15分）； ② 设备或传感器功能及通道设计创建合理，不合理酌情扣分（10分）； ③ 发言人语言简洁、严谨；言行举止大方得体；说话有感染力，能深入浅出（5分）	
完善子场景下的设备组（30分）	① 保证所有设备或传感器都有所属设备组（5分）； ② 每个场景下最少3个设备组，少一个扣3分（10分）； ③ 每个设备组设备规划合理，不合理酌情扣分（10分）； ④ 发言人语言简洁、严谨；言行举止大方得体；说话有感染力，能深入浅出（5分）	

（续表）

项目名称： 完善智慧校园方案集成	项目承接人： 姓名：	日期：
项目要求	评价标准	得分情况
根据智慧校园实际需求，完善任务调度的设计（20分）	① 至少10个任务调度项，少一个扣1分（10分）； ② 每个任务调度配置合理，不合理酌情扣分（5分）； ③ 发言人语言简洁、严谨；言行举止大方得体；说话有感染力，能深入浅出（5分）	
评价人	评价说明	备注
个人		
老师		